C.H.BECK WISSEN

in der Beck'schen Reihe

Zu den Sieben Weltwundern gehören die Pyramiden von Ägypten, die Mauern von Babylon und die Hängenden Gärten in derselben Stadt, die Statue des Zeus von Olympia, der Tempel der Artemis von Ephesos, das Mausoleum von Halikarnaß und der Koloß des Helios von Rhodos. Die meisten dieser legendären Bauten und Kunstwerke sind nicht erhalten, sie bestehen vielmehr heute – wie schon in der Antike – vor allem in der Vorstellungswelt. Kai Brodersen präsentiert die antiken Zeugnisse für jene Welt und ihre Wunder und fragt nach der Entwicklung und Bedeutung der Weltwunder.

Kai Brodersen, geboren 1958 in Tübingen, ist Professor für Alte Geschichte an der Universität Mannheim. Neben zahlreichen Fachpublikationen hat er 1992 eine Edition der antiken, mittelalterlichen und frühneuzeitlichen Weltwunder-Listen vorgelegt.

Kai Brodersen

DIE SIEBEN WELTWUNDER

Legendäre Kunst- und Bauwerke der Antike

Verlag C.H.Beck

Mit 10 Abbildungen im Text

Für das achte Weltwunder:
meine Christiane

Die Deutsche Bibliothek – CIP-Einheitsaufnahme

Brodersen, Kai:
Die sieben Weltwunder : legendäre Kunst- und Bauwerke der Antike / Kai Brodersen. – Orig.-Ausg. – 3. durchges. Aufl. – München : Beck, 1999
(C. H. Beck Wissen in der Beck'schen Reihe ; 2029)
ISBN 3 406 45329 5

Originalausgabe
ISBN 3 406 45329 5

Dritte, durchgesehene Auflage. 1999
Umschlagentwurf von Uwe Göbel, München

Gesamtherstellung: C. H. Beck'sche Buchdruckerei, Nördlingen
Gedruckt auf alterungsbeständigem säurefreiem Papier
(hergestellt aus chlorfrei gebleichtem Zellstoff)
Printed in Germany

Inhalt

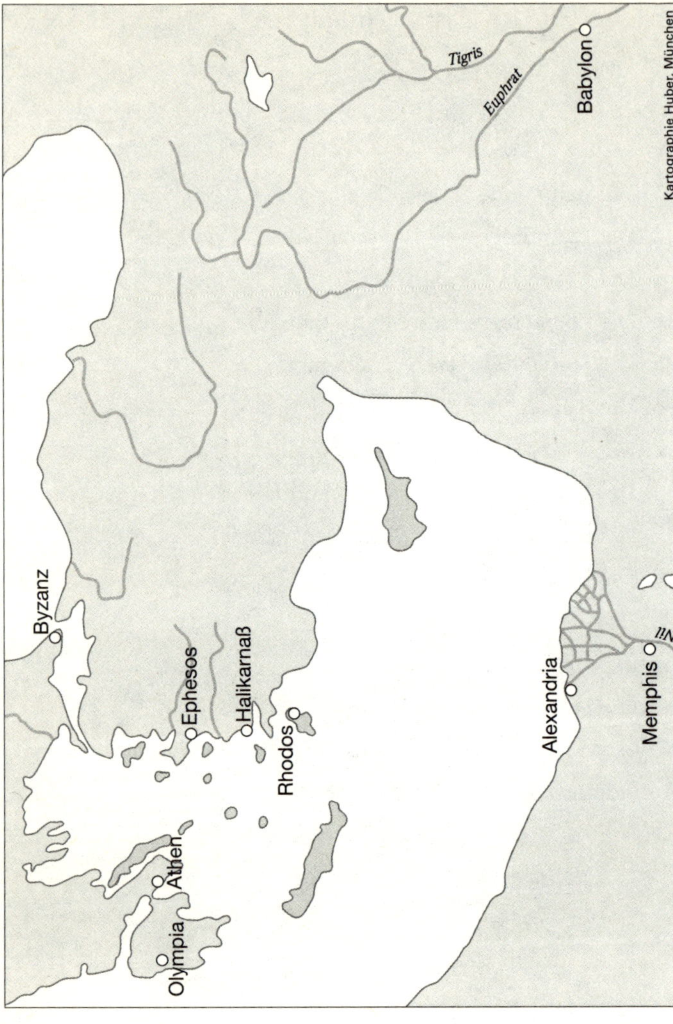

Abbildung 1: Die Welt der Sieben Wunder

Vorwort

„Das wußte ich nicht!“ In einer Liste der Weltwunder, die sich ein mittelalterlicher Schreiber angefertigt hat, steht dieser Ausruf gleich neben zwei Einträgen. Er wußte nicht genau, was zu den Sieben Weltwundern der Antike zählte. Geht es uns anders?

Die Pyramiden von Ägypten, die Mauern von Babylon, die Hängenden Gärten von Babylon, die Statue des Zeus von Olympia, der Tempel der Artemis von Ephesos, das Mausoleum von Halikarnaß und der Koloß des Helios von Rhodos machen nach den ältesten Weltwunder-Listen die Sieben Weltwunder aus.

Bis auf die Pyramiden sind zwar keine dieser legendären Bauten und Kunstwerke erhalten. Doch haben sie seit der Antike die Vorstellungswelt der Menschen immer wieder angeregt. Im Laufe der Geschichte ist die Frage, was zu den Sieben Weltwundern gehörte, ja sogar die Frage, wieviele Weltwunder es gebe, unterschiedlich beantwortet worden. Was es also mit den Weltwundern auf sich hatte und welche bisweilen phantastischen Vorstellungen über sie bestanden, will dieses Buch auch in seiner dritten Auflage zeigen.

Und weil die besten Führer durch die Vorstellungswelt die zeitgenössischen Werke selbst sind, kommen in diesem Buch die antiken und mittelalterlichen Autoren – Geschichtsschreiber und Geographen, Redner und Gelehrte, Reisende und Dichter – immer wieder selbst zu Wort, darunter natürlich auch der eingangs erwähnte Schreiber.

So möge nach der Lektüre dieses Buches niemand, dem die Sieben Weltwunder begegnen, mehr ausrufen müssen: „Das wußte ich nicht!“

Mannheim *Kai Brodersen*

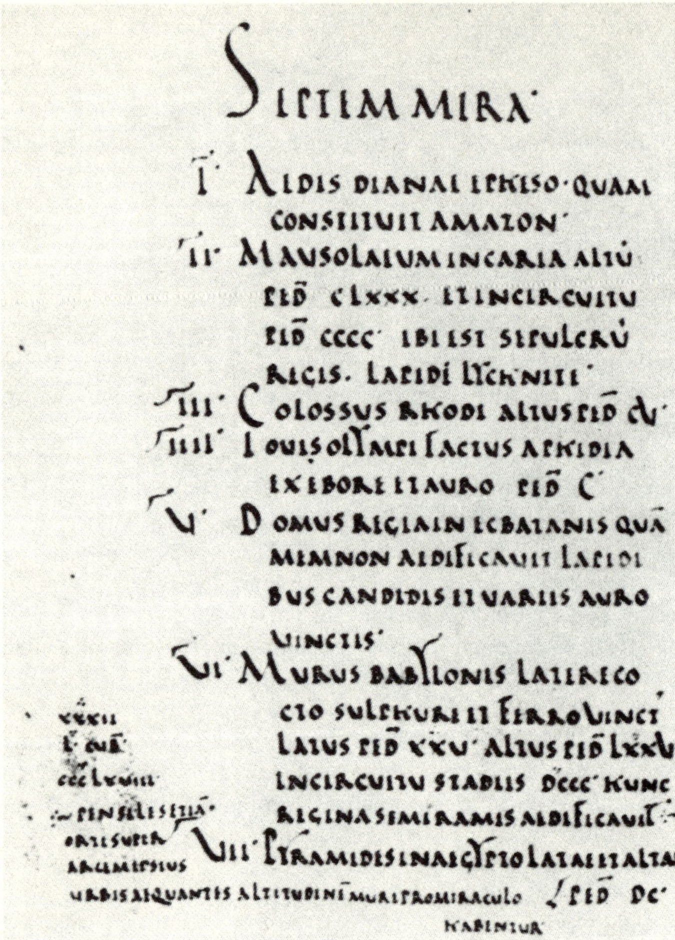

Abbildung 2: *Septem Mira.* Lateinische Weltwunder-Liste im Codex Vaticanus latinus 4929, fol. 149v

1. Vorstellung der Sieben Weltwunder

Die ältesten Weltwunder-Listen

Bei der Auflösung der aus ‚Alt-Papyrus' hergestellten Kartonage eines Mumiensargs aus dem ägyptischen Ort Abusir-el-Melek entdeckte man in Berlin zu Anfang unseres Jahrhunderts Reste eines altgriechischen Textes auf einem Papyrus. Die Schrift stammt wohl aus dem 2. Jahrhundert v. Chr. und enthält Listen der bedeutendsten Gesetzgeber, Maler, Bildhauer, Bronzegießer, Architekten und Ingenieure, eine Zusammenstellung der „Sieben Schaustücke" und weitere der größten Inseln, Berge und Flüsse sowie der schönsten Quellen und Seen.

Von dieser Listensammlung, die vom Erstherausgeber mit dem Namen *Laterculi Alexandrini* belegt worden ist, sind zwar nur Bruchstücke erhalten und lesbar, doch lassen sich in dem hier wichtigen Teil noch folgende Worte erkennen:

Die Sieben Schaustücke
... das in Ephesos [gelegene] Artemision;
die bei ... [gelegenen] Pyramiden; ...
das in Halikarnaß [gelegene] Grabmal des Mausolos.

Die *Laterculi Alexandrini* bewahren also die älteste bekannte Liste der Sieben Weltwunder der Antike. Das Fragment läßt erkennen, daß bereits hier eine Verbindung zwischen Kunst, Technik und Weltwundern geknüpft war und daß außer den Pyramiden von Ägypten auch der Tempel der Artemis von Ephesos und das Mausoleum von Halikarnaß unter den „Sieben Schaustücken", den sieben *sights,* genannt waren.

Daß sich so mancher tatsächlich zur Besichtigung dieser Schaustücke, eben zum *sight-seeing* aufmachte, ist im Zeitalter nach dem Tod Alexanders des Großen 323 v. Chr. sehr wahrscheinlich, denn Reisen waren im Hellenismus – so bezeichnet man diese Epoche – besser möglich als je zuvor in der Antike. Für einen solchen frühen ‚Touristen', der die Statue des Zeus von Olympia besuchen wollte, schrieb bereits im 3. Jahrhundert v. Chr. der gelehrte griechische Dichter Kallimachos ein Geleitgedicht, das ebenfalls durch einen Papyrus-Rest fragmentarisch bewahrt ist und das recht technische Angaben wie die Maße der Statue in Versform bringt. Kallimachos hat außerdem nach Ausweis anderer Zeugnisse noch mindestens zwei weitere, später als Weltwunder gerechnete *sights* erwähnt: den Tempel der Artemis von Ephesos und den Hörner-Altar von Delos. Bei letzterem handelt es sich um einen Altar, den der Gott Apollon höchstselbst für seine Schwester, die Göttin Artemis, vor deren Tempel auf Delos aus Ziegen-Hörnern errichtet haben soll. Von demselben Dichter stammt übrigens auch eine Zusammenstellung der „Wunder auf der ganzen Erde", die aber nach Ausweis der Fragmente nicht die Sieben Weltwunder behandelte.

Die erste vollständig erhaltene Liste der Sieben Weltwunder findet sich, allerdings ohne einen diesbezüglichen Titel, in einer Anthologie (Gedichtsammlung), die uns in einer Handschrift der *Bibliotheca Palatina* in Heidelberg überliefert ist und die deshalb als *Anthologia Palatina* bezeichnet wird. Einem Antipatros – gewöhnlich nimmt man als Verfasser den Antipatros von Sidon aus dem späten 2. Jahrhundert v. Chr. an – wird hier folgendes Epigramm-Gedicht zugeschrieben:

Anschauen durfte ich mir des ragenden Babylons Mauern,
die man mit Wagen befährt, dann den alpheischen Zeus,
auch die Hängenden Gärten und den Koloß des Helios,
die Pyramiden, ein Werk, mächtig zur Höhe gereckt,
und das gewaltige Grabmal des Mausolos. Aber der Tempel,
der sich in Wolken verliert, heilig der Artemis, ließ
alles andre verblassen. Ich sprach: „Vom Olymp abgesehen,
hat Gott Helios solch Wunderwerk niemals erblickt!"

Antipatros nennt also die sieben auch in unserem Buch ausführlicher behandelten Weltwunder, nämlich die Mauern von Babylon, die Statue des Zeus von Olympia (das am Fluß Alpheios liegt), die Hängenden Gärten von Babylon, den Koloß des Helios von Rhodos, die Pyramiden von Ägypten und das

Mausoleum von Halikarnaß; als bedeutendstes Werk feiert er schließlich den Tempel der Artemis von Ephesos.

All diese Weltwunder lagen in den hellenistischen Reichen im griechisch-sprachigen Osten der Mittelmeerwelt (s. die Karte Abbildung 1). Und da diese älteste Siebener-Liste den um 292 v. Chr. vollendeten (und schon 66 Jahre später durch ein Erdbeben zerstörten) Koloß von Rhodos (s. Kapitel 8), nicht aber den später gelegentlich zu den Weltwundern gerechneten, kaum ein Dutzend Jahre jüngeren Pharos (Leuchtturm) von Alexandria anführt, wird man die Entstehung dieser Vorstellung der Sieben „Schaustücke" ins frühe 3. Jahrhundert v. Chr. datieren dürfen.

Den Begriff der „Weltwunder" hat – soweit wir erkennen können – erst der römische Gelehrte Marcus Terentius Varro (116–27 v. Chr.) eingeführt, der in einem weitgehend verlorenen Werk von den *septem opera in orbe terrae miranda* sprach, also den „sieben Werken, die auf der Welt zu bewundern sind" . Daß es sich just um sieben Werke handelt, mag an der großen Bedeutung liegen, die diese Zahl im antiken Denken hatte: Aus der klassischen Antike kennen wir etwa die Sieben Weisen oder die Sieben gegen Theben, aus der Bibel die sieben Schöpfungstage oder die sieben fetten und die sieben mageren Jahre.

Wie bekannt waren die Sieben Weltwunder?

Die antiken Beispiele für die Bedeutung der Zahl Sieben, die weder Faktor noch Produkt irgend einer anderen der ersten zehn Zahlen (außer eins) ist, ließen sich leicht vermehren, doch interessiert uns hier, wie weit die Vorstellung der Sieben Weltwunder seit ihrem Aufkommen verbreitet war.

Beantworten läßt sich diese Frage gut für die antiken Gelehrten- und Dichterkreise. Diodor(os), der aus Agyrion (Agira) auf Sizilien stammte und im 1. Jahrhundert v. Chr. ein großes, teils aus älteren Texten zusammengestelltes Geschichtswerk schrieb, kennt etwa die Pyramiden von Ägypten „unter den sieben berühmtesten Werken". Zu diesen zählt er im übrigen auch einen Obelisken in Babylon, der einst von Königin Semiramis gestiftet worden sei (und der sonst nicht mehr als Weltwunder erwähnt wird). Die Hängenden Gärten von Babylon hingegen beschreibt Diodor ausführlich (s. Kapitel 4), ohne sie jedoch als eines der „sieben berühmtesten Werke" zu bezeichnen; was er sonst noch zu diesen rechnete, können wir nicht wissen, da sein Werk nicht vollständig erhalten ist.

Der Vergänglichkeit mancher der Sieben Weltwunder stellt der römische Dichter Sextus Propertius in der 2. Hälfte des 1. Jahrhunderts v. Chr. den ewigen Ruhm gegenüber, der seinem eigenen Werk (und damit der darin verewigten Geliebten) zuteil werden müsse:

Glücklich du Schöne, die ich in meinem Buche gefeiert!
Werden die Lieder doch viel Zeugen der Reize für dich.
Nicht Pyramiden, obgleich mit Verschwendung geführt
bis zum Himmel,
nicht in Elis das Haus Jupiters, gleich dem Olymp,
nicht des Mausolos Grab mit seinem kostbaren Prunke,
nichts ist vom letzten Zwang aller Vergänglichkeit frei.
Entweder nimmt ihnen Feuer den Glanz oder tut es
der Regen,
oder im Sturme der Zeit stürzt sie ihr eigen' Gewicht.
Doch den Namen, den sich der Geist erworben, vernichtet
niemals die Zeit, und dem Geist bleibt ohne Ende
der Ruhm.

Propertius nennt also die Pyramiden von Ägypten, die Statue des Zeus von Olympia (das in der griechischen Landschaft Elis liegt) und das Mausoleum von Halikarnaß. Letzteres erwähnt ein jüngerer Zeitgenosse dieses Dichters, der römische Architekt Vitruvius, in seinem dem Kaiser Augustus gewidmeten Werk ausdrücklich als eines der *septem spectacula*, der „Sieben Schaustücke". Ebenso handeln Valerius Maximus in seinem Handbuch der Rhetorik, das Augustus' Nachfolger Tiberius zugeeignet ist, und der griechische Geograph Strabon von Amaseia in Kleinasien (63 v.–15 n.Chr.); letzterer zählt zu den „Sieben Schaustücken" außer dem Mausoleum von Halikarnaß auch den Koloß des Helios von Rhodos, die Mauern und die Hängenden Gärten von Babylon sowie die Pyramiden von Ägypten. Die Statue des Zeus von Olympia und den Tempel der Artemis von Ephesos beschreibt Strabon ebenfalls (s. Kapitel 5–6), doch gibt er keinen Hinweis auf ihre Weltwunder-Eigenschaft.

Wie alle bisher genannten Autoren rechnet auch Strabons römischer Kollege, der Geograph Pomponius Mela, in der Mitte des 1. Jahrhunderts n. Chr. das Mausoleum zu den *septem miracula*. Und wie Propertius geht der römische Philosoph Lucius Annaeus Seneca d. J. (4–65 n. Chr.) auf deren Vergänglichkeit ein, doch – anders als Propertius – nicht, um seinen Nachruhm zu preisen, sondern um in seiner Trostschrift an Polybios die Vergänglichkeit alles Irdischen aufzuzeigen.

Daß die Idee der Sieben Weltwunder aber nicht nur in Gelehrten- und Dichterkreisen bekannt war, können wir einer Inschrift entnehmen, die an der Wand des beim Ausbruch des Vesuv 79 n. Chr. verschütteten Amphitheaters von Pompeji aufgemalt war; hier schreibt der Fan eines erfolgreichen Gladiators:

> *In allen Kämpfen hast du gesiegt;*
> *das ist eines der Sieben Weltwunder!*

Was zählte man zu den Sieben Weltwundern?

Die Siebenzahl der Weltwunder stand also fest, nicht aber, was man zu ihnen zählte: Während der Pharos von Alexandria in den bisher genannten Listen noch gar nicht erschienen ist, haben wir mit dem Obelisken der Semiramis von Babylon und dem Hörner-Altar von Delos bereits später vergessene Weltwunder erwähnt.

Gleich vier ‚neue' Weltwunder entdecken wir dafür bei einem Autor, der bei der Beobachtung des eben erwähnten Vesuv-Ausbruchs umgekommen ist: Der römische Gelehrte

Gaius Plinius Secundus d. Ä. bietet im 36., den Steinen gewidmeten Buch seiner *Naturalis historia* (Naturkunde) eine lange Abschweifung über Stein-Bauten, nämlich die Pyramiden von Ägypten, eben den Pharos von Alexandria, das Labyrinth von Ägypten, die Hängenden Gärten von Babylon, die hunderttorige Stadt Theben in Ägypten, den Tempel der Diana (Artemis) von Ephesos, den Tempel des Jupiter (Zeus) von Kyzikos und als alles übertreffend die ganze Stadt Rom mit ihren *miracula*, ihren Wundern. An zuvor nicht zu den Weltwundern gerechneten Werken führt Plinius also hier an: Erstens den Pharos, den die ersten hellenistischen Könige Ägyptens hatten errichten lassen, damit er den Schiffern auf ihrem Weg in den Hafen von Alexandria zunächst als Tagzeichen, bald aber auch nachts als Leuchtturm diene; zweitens das Labyrinth von Ägypten, das als uraltes und riesiges Vorbild für das Labyrinth von Kreta und überhaupt alle Labyrinthe gerühmt wird; drittens das hunderttorige Theben, dessen unterirdische Aufmarschwege besonders beeindruckten, und viertens den Tempel von Kyzikos, der wegen seiner luftdurchlässigen Steinfugen gepriesen wird. An anderer Stelle rechnet Plinius allerdings das ‚traditionelle' Mausoleum doch zu den *septem miracula* – offenbar stand nicht fest, was man zu den Sieben Weltwundern zu zählen hatte.

Wieder anders füllt die Siebenzahl dann der römische Dichter Marcus Valerius Martial(is) aus Bilbilis (Calatayud) in Spanien in folgenden Worten über das ein Jahr nach dem Vesuv-Ausbruch, also 80 n. Chr. eröffnete Amphitheater von Rom (vgl. Abbildung 10). Jenes hieß seinerzeit übrigens noch nicht – wie heute – *Colosseum,* denn diese seit dem Mittelalter belegte Bezeichnung geht darauf zurück, daß seit der Zeit Kaiser Hadrians eine nach dem Vorbild des Kolosses von Rhodos gestaltete Riesenstatue des Kaisers Nero in der Nähe des Amphitheaters stand. Martial also schreibt:

Das barbarische Memphis schweige von Pyramiden-
Wundern,
und assyrischer Leistungsstolz prahle nicht mit Babylon;

schlaffen Ioniern soll nicht des Trivia-Tempels Lob
zufallen,
Delos soll sich samt dem berühmten Hörner-Altar
verstecken;
und den in dünne Luft aufragenden Grabbau des Mausolos
sollen die Karer nicht maßlos bis zu den Sternen hochloben!
Jedes Werk bleibt zurück hinter Kaisers Amphitheater;
ein für allemal wird Nachruhm nur dieses Werk feiern!

Wahrscheinlich meint Martial mit „Babylon“ sowohl die Mauern als auch die Hängenden Gärten dieser Stadt, und sicher bezieht er sich mit dem lateinischen Beinamen „Trivia“ auf die Göttin Artemis mit ihrem Tempel in Ephesos, das in Ionien liegt. Den (schon von Kallimachos erwähnten) Hörner-Altar von Delos, den Martial hier ebenfalls anführt, zählt übrigens auch sein Zeitgenosse Plutarch(os) von Chaironeia zu den „Sieben Schaustücken“; in die späteren Weltwunder-Listen ist dieser Altar dennoch nicht eingegangen.

Ausdrücklich die Hängenden Gärten bezeichnet im 2. Jahrhundert n. Chr. Quintus Curtius Rufus in seiner lateinischen Geschichte Alexanders des Großen als „in griechischen Erzählungen gefeiertes Wunder“ (s. Kapitel 4), zählt aber – als einziger Autor – auch die Euphrat-Brücke von Babylon zu den „Wundern des Orients“, während bei seinem Zeitgenossen Aulus Gellius wieder das Mausoleum unter den *septem omnium terrarum spectacula* erscheint, den „Sieben Schaustücken aller Länder“.

Die Hängenden Gärten machen jedoch in einer wiederum anderen Siebener-Liste, die uns seit dem 2. Jahrhundert gleich mehrfach überliefert ist, dem Palast des Perserkönigs Kyros II. in Ekbatana (Hamadan) Platz. Dieser prächtige Palast war – der antiken Überlieferung zufolge – für die Mederkönige in der Mitte von sieben verschiedenfarbigen Mauerkreisen aus mit Gold verfugten Steinen errichtet worden; nach dem Sieg des Kyros über den letzten Mederkönig fiel der Palast an Kyros, der ihn – wie seine Nachfolger und noch die Parther – als Sommer-Residenz nutzte. Außer diesem Palast des Kyros also finden wir in der mehrfach überlieferten Liste in folgender Reihung sechs ,alte Bekannte': den Tempel der Artemis (Diana) von Ephesos, das Mausoleum von Halikarnaß, den Koloß des Helios (Sol) von Rhodos, die Statue des Zeus (Jupiter) von Olympia, die Mauern von Babylon und die Pyramiden von Ägypten, bei denen nicht mehr ihre Größe hervorgehoben wird, sondern die (angebliche) Eigenschaft, keine Schatten zu werfen.

In einem im 2. Jahrhundert n.Chr. entstandenen mythologischen Handbuch, das unter dem Namen des Gaius Iulius Hyginus überliefert ist, lautet diese Siebener-Liste wie folgt:

Sieben Wunderbare Werke

In Ephesos der Diana-Tempel, den die Amazone Otrere, eine Gattin des Mars [des Kriegsgottes Ares; s. u. S. 70], baute.

Das Monument des Königs Mausolos aus leuchtenden Steinen, 80 Fuß hoch, Umfang 1 340 Fuß.

In Rhodos das bronzene Standbild des Sol, also der Koloß, 90 Fuß hoch.

Das Standbild des Olympischen Jupiter, das Phidias aus Elfenbein und Gold herstellte, sitzend, 60 Fuß.

Der Palast des Königs Kyros in Ekbatana, den Memnon aus bunten und weißen Steinen baute, mit Verbindungen aus Gold.

Die Mauer in Babylonien, die Semiramis, die Tochter der Derketo, aus gebranntem Ziegel und mit Schwefel verbundenem Eisen errichtete, 25 Fuß breit, 60 Fuß hoch, im Umfang von 300 Stadien.

Die Pyramiden in Ägypten, deren Schatten man nicht sieht, 60 Fuß hoch.

In den anderen Ausformungen dieser Liste werden die Maßangaben (ein Fuß mißt etwa 30 cm, ein Stadion 600 Fuß, also etwa 180 m) anders oder gar nicht überliefert. In etwas unterschiedlicher Formulierung steht die gleiche Liste erstens in dem spätantiken Schulbuch des Lucius Ampelius, wo sie als spätere Hinzufügung in eine umfangreichere Liste von

„Wundern auf der Erde" eingedrungen ist, und zweitens in einem Regierungserlaß des Staatsmanns Flavius Magnus Aurelius Cassiodorus im 6. Jahrhundert n. Chr., der – wie Plinius – als alle übertreffendes Weltwunder die Stadt Rom feiert:

Es berichten die Erzähler der alten Zeit, daß es an Bauwerken nur sieben Wunder auf der Erde gebe:

In Ephesos der Tempel der Diana [Artemis]; das wunderschöne Monument des Königs Mausolos, nach dem die Mausoleen bezeichnet werden; in Rhodos das bronzene Standbild des Sol [Helios], das Koloß genannt wird; des olympischen Jupiter [Zeus] Götterbild, das Phidias, der bedeutendste Künstler, in höchster Vollendung aus Elfenbein und Gold schuf; des Mederkönigs Kyros Palast, den Memnon in verschwenderischer Pracht aus mit Gold verbundenen Steinen errichtete; Babyloniens Mauern, welche Königin Semiramis aus gebranntem Ziegel, Schwefel und Eisen herstellte; die Pyramiden in Ägypten, deren Schatten sich bei seiner Stellung aufzehrt, da er im Raum jenseits des Bauwerks nirgends sichtbar ist.

Doch wer wird dies alles noch für bedeutend halten, wenn er in einer einzigen Stadt so viel Staunenswertes erblicken kann? Jene hatten ihren Ruhm, weil sie diesen zeitlich vorangingen und alles, was in einer rauhen Zeit an Neuem hervorkam, vom Menschenmund zu Recht als etwas Außergewöhnliches hervorgehoben wurde. Jetzt aber kann man die Wahrheit nur sagen, wenn man angibt, ganz Rom sei ein Wunder.

Schließlich findet sich die bei Hyginus, Ampelius und Cassiodorus tradierte Liste, in der die Hängenden Gärten von Babylon durch den Kyros-Palast von Ekbatana ersetzt sind, auch in den anonymen *Septem Mira* (s. Abbildung 2); in ihnen aber hat sie der Schreiber neben anderen Verbesserungen (die in unserer Übersetzung in geschweiften Klammern stehen) am Rand der Handschrift nachgetragen:

Die Sieben Wunder

1. Der Tempel der Diana in Ephesos, den eine Amazone baute.

2. Das Mausoleum in Karien, 180 Fuß hoch, und im Umfang 400 Fuß. Dort ist ein Königsgrab aus leuchtendem Stein.

3. Der Koloß von Rhodos, 105 Fuß hoch.

4. Der des olympischen Jupiter, hergestellt von Phidias aus Elfenbein und Gold, 100 Fuß [hoch].

5. Der Königspalast in Ekbatana, den Memnon erbaute aus weißen und bunten Steinen mit Verbindungen aus Gold.

6. Die Mauer von Babylon aus gebranntem Ziegel, mit Schwefel und Eisen verbunden, 25 {32} Fuß breit, 75 Fuß {50 Ellen [von je 1½ Fuß]} hoch, im Umfang 800 {368} Stadien. Diese erbaute Königin Semiramis. {Auch die Hängenden Gärten über der Burg derselben Stadt von gleicher Höhe wie die Mauer werden als Wunder angesehen.}

7. Die Pyramiden in Ägypten, 600 Fuß hoch und breit.

Die Hängenden Gärten werden auch um 300 n. Chr. bei dem lateinischen Kirchenvater Lucius Caelius Firmianus Lactantius zu den *septem mira* gerechnet, und sie erscheinen – wie die Pyramiden von Ägypten, die auch der im 4. Jahrhundert wirkende Historiker Ammianus Marcellinus zu den *miracula septem* rechnet – im *Reiseführer zu den Sieben Weltwundern* (so eine moderne Bezeichnung für den antiken Text), den ein spätantiker Redner unter dem (Deck-)Namen Philon von Byzanz verfaßt hat. Diese ausführlichste Quelle zu unserem Thema, deren Aussagen über die einzelnen Weltwunder in den Kapiteln unseres Buches jeweils vollständig zitiert werden, soll im folgenden kurz vorgestellt werden.

Philons *Reiseführer zu den Sieben Weltwundern*

Von den Sieben Weltwundern [wörtlich: Schaustücken] ist ein jedes allen dem Hörensagen nach bekannt, doch nur wenigen aus eigener Anschauung. Man muß ja auch nach Persien reisen, über den Euphrat setzen, nach Ägypten fahren, sich bei den Eleiern in Griechenland aufhalten, nach Halikarnaß in

Karien gehen, Rhodos anfahren und in Ionien Ephesos besichtigen. Und wer so um die Welt herumgeirrt ist und durch die Mühsal der Reise erschöpft ist, wird erst dann das Begehren stillen können, wenn auch seine Lebenszeit durch die Jahre vorübergegangen ist.

Deshalb ist Bildung etwas Erstaunliches und eine große Gabe, weil sie den Menschen von der Notwendigkeit befreit, sich auf den Weg zu machen, und ihm zu Hause die schönen Dinge zeigt, indem sie seiner Seele Augen gibt. Und das Wundervolle ist: Der eine ist zu den Orten gekommen, hat sie einmal gesehen, ist abgereist und hat sie schon vergessen; die Details der Werke sind nämlich verborgen, und bezüglich der Einzelheiten verflüchtigen sich die Erinnerungen. Der andere jedoch erforscht das Staunenswerte und die jeweilige Qualität seiner Ausführung durch mein Wort, betrachtet das ganze Kunstwerk wie in einem Spiegel und bewahrt so die jeweiligen Merkmale dieser Bilder unauslöschlich; mit der Seele nämlich hat er die Wunder geschaut.

Was ich sage, wird überzeugend erscheinen, wenn meine Rede deutlich jedes der Sieben Weltwunder der Reihe nach angeht und dabei den Zuhörer zur Zustimmung bewegt, daß sie ihm den Eindruck eigener Anschauung vermittelt hat. Denn nur das wird allgemeinhin durch Lobpreisungen begrüßt, was man zwar von gleich zu gleich sieht, aber ungleich bestaunt. Das Schöne nämlich läßt es genauso wie die Sonne nicht zu, daß man sonst etwas betrachtet, wenn sie es selbst überstrahlt.

Der Autor unternimmt es diesem seinem Vorwort zufolge, seinen Lesern die beschwerliche Reise zu den Weltwundern zu ersparen, indem er eine schöne Beschreibung der Hängenden Gärten von Babylon, der Pyramiden von Ägypten, der Statue des Zeus von Olympia, des Kolosses von Rhodos, der Mauern von Babylon und des Tempels der Artemis von Ephesos in dieser Abfolge bietet; die des Mausoleums von Halikarnaß, die der Autor ankündigt, ist nicht erhalten.

Wer war dieser Autor? Philon von Byzanz, als dessen Werk sich der *Reiseführer zu den Sieben Weltwundern* ausgibt, war ein um 200 v. Chr. wirkender griechischer Ingenieur. Von seinen Schriften sind auf griechisch nur Teile erhalten, doch läßt sich an den griechischen Überresten immerhin erkennen, daß Philons Arbeiten sachlich, um nicht zu sagen trocken geschriebene Fachbücher waren, deren Angaben teilweise so genau sind, daß man die darin beschriebenen Kriegsmaschinen noch heute nachbauen kann.

Unter dem Namen dieses Philon ist nun auch die Rede über die Sieben Weltwunder erhalten, deren detaillierte Angaben etwa über den Koloß von Rhodos (s. Kapitel 8) ein technisches Interesse des Autors spiegeln; auch die Tatsache, daß man vom Standpunkt des Verfassers aus zu allen sieben Weltwundern reisen muß, würde zu seiner Herkunft aus Byzanz passen (s. Abbildung 1); die Sprache ist dem Genre einer Rede angemessen, also nicht so trocken wie ein Fachbuch, sondern eher prunkvoll.

Doch hat man gerade „die Unnatürlichkeit der ein reines Kunstprodukt darstellenden Sprache, die Fähigkeit, mit vielen Worten wenig zu sagen und geistloses Raisonnement anzubringen“, als Hinweis darauf genommen, daß nicht der hellenistische Ingenieur Philon von Byzanz, sondern ein spätantiker Redner der tatsächliche Verfasser des Werkes ist. In der Spätantike ist ja auch geradezu zu erwarten, daß man von der „großen Zeit von Hellas“ so schwärmt wie Philon bei seiner Beschreibung der Statue des Zeus von Olympia (s. Kapitel 5).

Bevor wir die Vorstellung der Sieben Weltwunder in der Zeit nach Philon weiterverfolgen, ist es aber angemessen, die einzelnen Weltwunder einzeln vorzustellen, wie Philon dies auch tut. Ob es dabei auch uns durch Worte gelingt, „das ganze Kunstwerk wie in einem Spiegel“ zu betrachten und es so der Leserschaft zu ermöglichen, „die jeweiligen Merkmale dieser Bilder unauslöschlich zu bewahren“ und sich eine eigene Vorstellung zu machen?

2. Die Pyramiden von Ägypten

Uralte Königsgräber

Ein achtes Weltwunder hatte Alexander der Große geplant, als er – noch keine 33 Jahre alt – auf seinem gewaltigen Eroberungszug am Abend des 10. Juni 323 v. Chr. in der alten Herrscherstadt Babylon starb. Alexander wollte nämlich für seinen Vater, König Philipp II. von Makedonien, ein Grabmonument errichten lassen, das – wie wir allerdings erst bei dem griechischen Historiker Diodor(os) von Agyrion aus dem 1. Jahrhundert v. Chr. lesen – „einer Pyramide ähnlich sein sollte, und zwar der einen, größten in Ägypten, die man zu den sieben größten Werken zählt".

Tatsächlich sind die Grabbauten für die altägyptischen Pharaonen, eben die Pyramiden – als die wichtigsten sehen antike wie moderne Reisende diejenigen in der Nähe des antiken Memphis beim heutigen Giza nahe Kairo an – die einzigen antiken Weltwunder, die noch heute stehen; und trotz des weitgehenden Verlusts ihrer einst glatten, strahlend weißen Außenhaut (nur bei einer von ihnen waren die unteren Steinlagen dunkel verkleidet) und trotz mancher Bauschäden haben die Pyramiden bis heute kaum etwas von ihrer Monumentalität verloren. Auch ist bis heute ungeklärt, wie sie erbaut wurden: mittels einer langen, angeschütteten Rampe, mittels eines spiralförmig um den Steinkern gelegten Mantels aus Lehm oder mittels Hebewerken, also einfachen, aber riesigen Maschinen, welche die Hebelwirkung ausnutzen?

Die größte Pyramide von Memphis ist die des Pharaos Cheops (2551–2528 v. Chr.); auf einem Quadrat von etwa 230½ m Seitenlänge mißt sie etwa 146½ m in der Höhe. Neben ihr befindet sich die seines Nachfolgers Chephren (2520–2494 v. Chr.), mit 215¼ m Seitenlänge und 143½ m Höhe nur geringfügig kleiner als die des Cheops. Deutlich kleiner, aber noch immer höchst beeindruckend, ist die dritte Pyramide, die des Mykerinos (2490–2471 v. Chr.); die Seitenlänge des Basisquadrats beträgt hier etwa 108½ m, die Höhe

66½ m. Was aber wußte die klassische Antike von diesen gewaltigen Königsgräbern?

Die Angaben des Herodot

Dem „Vater der Geschichte", dem griechischen Historiker Herodot(os) aus Halikarnaß, verdanken wir die frühesten antiken Aussagen über die Pyramiden. Herodot war – so jedenfalls gibt er in seinem um die Mitte des 5. Jahrhunderts v. Chr. entstandenen Geschichtswerk an – persönlich in dem zu seiner Zeit in persischer Hand befindlichen Ägypten gewesen und konnte unter Berufung auf seine ägyptischen Gewährsleute folgendes über die Pyramiden schreiben:

Einst hatte man, wie sie sagten, in Ägypten eine durchweg gute Gesetzgebung, und Ägypten sei es sehr gut gegangen. Dann aber sei Cheops ihr König geworden und habe zu viel Schlimmem geführt; er habe nämlich sogleich alle Tempel geschlossen und die Leute am Opfern gehindert, dann aber befohlen, daß alle Ägypter für ihn arbeiten. Den einen sei auferlegt worden, aus den Steinbrüchen im Arabischen Gebirge Steine zu holen und von dort bis zum Nil zu schleppen; die mit Kähnen über den Fluß gebrachten Steine auszuladen und sie dann zum sogenannten Libyschen Gebirge [Giza] hin weiterzuziehen, legte er anderen auf. So waren immer an die hunderttausend Menschen bei der Arbeit, und zwar jeweils die drei Monate lang [in denen der Nil das Land Ägyptens überschwemmt]. Zehn Jahre dauerte es allein, bis das geplagte Volk die Straße gebaut hatte, auf der man die Steine entlangzog, und ihre Anlage war eine kaum geringere Leistung als der Bau der Pyramide, wie ich meine ...

Zehn Jahre also dauerte die Anlage der Straße und auch der Kammern in dem Hügel, auf dem die Pyramiden stehen. Diese Kammern unter der Erde erbaute Cheops als Grab für sich. ... Zwanzig Jahre dauerte dann der Bau der Pyramide selbst. Ihre Seitenlinien messen allesamt jeweils 8 Plethren [800 Fuß], denn sie ist quadratisch, und die Höhe das gleiche. Die

Steine selbst sind geglättet und bestens aneinander angepaßt; kein Stein ist weniger als 30 Fuß lang.

Gebaut wurde diese Pyramide in abgestufter Weise wie Treppen, Absätze oder Altarstufen, wie immer man es nennen mag. Nachdem sie die erste Schicht gelegt hatten, bewegten sie die weiteren Steine mit Hebewerken hinauf, die aus kurzen Balken gebaut waren, und hoben so die Steine vom Boden auf die erste Schicht der Stufenfolge. Und wenn ein Stein dann darauf lag, wurde er auf ein weiteres Hebewerk gelegt, das auf der ersten Schicht stand, und von dieser Stufe mit einem weiteren Hebewerk auf die zweite Stufe gehoben. Soviele Stufen es nämlich waren, soviele Hebewerke waren es auch – oder aber es war immer dasselbe Hebewerk, ein einziges, das leicht zu transportieren war und das sie von Stufe zu Stufe schafften, nachdem sie den Stein von ihm abgenommen hatten: Mir ist jedenfalls beides genannt worden, und so will ich beides angeben. Fertiggestellt [nämlich geglättet] wurde dann zuerst das Oberste, dann machten sie das jeweils Anschließende fertig und zuletzt vollendeten sie die Arbeit mit dem Untersten, dem auf dem Boden.

In ägyptischen Buchstaben ist auf der Pyramide angegeben, welcher Gesamtbetrag für Rettich, Zwiebeln und Knoblauch für die Arbeiter ausgegeben worden ist; und wie ich mich gut erinnere, sind nach dem, was der Dolmetscher sagte, als er mir die Inschrift vorlas, 1600 Silber-Talente dafür ausgegeben worden. Wenn sich das wirklich so verhält: Wieviel anderes muß dann ausgegeben worden sein für all das Eisen, mit dem sie die Steine bearbeiteten, und für die Mahlzeiten und die Kleidung der Arbeiter! Und wenn allein die Arbeit am Bau die besagte Zeit dauerte, so brauchte es, wie ich meine, noch eine weitere Zeit dafür, die Steine zu brechen, heranzubringen und den unterirdischen Aushub zu machen – und zwar keine geringe Zeit!

Cheops aber sei [nach Auskunft meiner Gewährsleute] in seiner Schlechtigkeit so weit gegangen, daß er aus Geldmangel seine eigene Tochter in ein Bordell brachte und ihr auftrug, so und so viel Geld einzunehmen: Den Betrag nämlich nannten sie mir nicht. Sie also habe die Summe zusammengebracht, die ihr der Vater auferlegt hatte, habe aber auch selbst vorgehabt, ein Denkmal für sich zu hinterlassen, und habe jeden, der mit ihr schlief, bedrängt, ihr einen ganzen Stein aus den Werkstätten zu schenken. Aus diesen Steinen, sagten sie, sei die Pyramide gebaut, die in der Mitte von den dreien nahe der großen Pyramide steht und von der jede Seite 1½ Plethren mißt.

König sei dieser Cheops fünfzig Jahre lang gewesen, sagten die Ägypter, und nach seinem Tod habe sein Bruder Chephren die Herrschaft übernommen. Der habe es in jeder Hinsicht genauso gemacht wie der andere und auch eine Pyramide gebaut, die freilich in den Ausmaßen der von jenem nicht gleichkam. Daß dem so ist, haben wir selbst nachgemessen ...

Nach diesem wurde, sagten sie, Mykerinos König von Ägypten, der Sohn des Cheops; der habe mißbilligt, was sein Vater getan hatte, die Tempel wieder geöffnet und die Leute, aus denen man das letzte herausgeholt hatte, zu ihren eigenen Tätigkeiten und zu den Opferfesten freigegeben. ... Auch er hinterließ eine Pyramide, eine viel kleinere als sein Vater: Jede Seite ist nur 3 Plethren minus 20 Fuß lang; auch sie ist viereckig, aber zur Hälfte aus aithiopischem [dunklem] Stein.

Diese Pyramide schreiben einige Griechen der Hetäre Rhodopis zu, doch zu Unrecht. Die das behaupten, scheinen mir gar nicht zu wissen, wer diese Rhodopis gewesen ist, denn sonst würden sie ihr nicht den Bau einer solchen Pyramide zuschreiben, die doch unzählige Tausende von Talenten gekostet haben muß. Und außerdem fällt Rhodopis' Lebensmitte in die Zeit von König Amasis und nicht von Mykerinos; Rhodopis hat also sehr viele Jahre später als diese Könige gelebt, die diese Pyramiden hinterlassen haben.

Herodot berichtet also zunächst von der großen Pyramide des Cheops, der er eine Grundlinie und zugleich Höhe von je 8 Plethren zuweist. Ein Plethron entspricht 100 Fuß, etwa 30 m (s. u. S. 118), Herodots Angabe übertrifft also, was die Grundlinie anbelangt, die tatsächlichen Maße nur wenig, und wenn er mit der „Höhe“ die (eher schätzbare) Länge einer Pyramidenkante meint, trifft auch diese Aussage nicht zu weit daneben. Erstaunlich ist hingegen, was sich Herodot über die Größe der Steinblöcke hat berichten lassen, noch erstaunlicher, was er über die Inschrift auf dieser Pyramide hörte (nach „Silber-Talenten“, also Vielfachen von je knapp 30 kg Silber, rechneten die Pharaonen bestimmt nicht), erst recht erstaunlich, was er über die Finanzierung dieses Bauwerks schreibt! Immerhin mag es in der Antike noch (heute nicht mehr erhaltene) Reste kleiner Pyramiden in der Nähe der drei großen gegeben haben, die Herodots ohnehin ja recht redselige Informanten vielleicht dazu angeregt hatten, das (in vielen Kulturen belegte) Motiv, die Gunst einer Frau zu einem bestimmten Zweck zu verkaufen, auf die Tochter des Cheops zu übertragen.

Als Bauherr der etwas kleineren Pyramide wird sodann als Bruder und Nachfolger des Cheops ein Mann bezeichnet, der – wie wir aus anderen Quellen wissen – tatsächlich der Bruder eines seiner Nachfolger war: Chephren. Und Mykerinos erscheint bei Herodot als „Sohn“ des Cheops, war aber tatsächlich dessen Enkel. Das Maß, das Herodot für dessen Pyramide angibt, 280 Fuß, ist gegenüber dem tatsächlichen deutlich zu klein, doch bestätigt der archäologische Befund Herodots Angabe ansonsten insofern, als zumindest etwa das untere Drittel dieser Pyramide mit „aithiopischem Stein“, nämlich dunklem Granit verkleidet war, während der obere Teil auch bei dieser mit weißem Stein bedeckt wurde.

An der ‚pikanten‘ Geschichte von einer Weihung durch die Hetäre (Prostituierte) Rhodopis kann Herodot schließlich nicht vorübergehen, freilich nur, um sie – ganz Historiker – mit einem wahrhaft historischen Argument abzulehnen, dem der Chronologie: Amasis nämlich herrschte tatsächlich von 570 bis 526 v. Chr., also fast zweitausend Jahre nach Mykerinos.

Ein Zeugnis aus dem hellenistischen Ägypten

Zu Herodots Zeiten war Ägypten Teil des Perserreichs und blieb es – mit manchen Unterbrechungen – auch, bis jenes Reich von Alexander dem Großen erobert und Ägypten somit im Jahr 332 v. Chr. ‚befreit' wurde. Nach Alexanders Tod, mit dem man gewöhnlich die historische Epoche des Hellenismus beginnen läßt (s. Kapitel 1), übernahm sein Leibwächter Ptolemaios dort die Macht und wurde zum Begründer der Dynastie der Ptolemäer. Am Hof dieses Ptolemaios I. wirkte der griechische Philosoph und Literat Hekataios von Abdera, der unter anderem ein Werk mit dem Titel *Aigyptiaka* schrieb. Dieses ist zwar als ganzes verloren, doch hat ihm im 1. Jahrhundert v. Chr. der bereits zu Beginn dieses Kapitels zitierte griechische Historiker Diodor vielerlei Informationen über Ägypten entnommen – so auch die folgende:

Cheops regierte fünfzig Jahre lang und erbaute die größte der drei Pyramiden, die man zu den Sieben Weltwundern zählt. Diese [Pyramiden] liegen gegen Libyen zu [also westlich des Nil], 120 Stadien [gut 21 km] von Memphis und 45 Stadien [gut 8 km] vom Nil entfernt, und erregen durch ihre Größe und technische Vollendung erstauntes Erschrecken bei allen, die sie sehen. Die größte von ihnen hat auf quadratischer Grundfläche an der Basis eine Seitenlänge von 7 Plethren und eine Höhe von 6 Plethren. Ihre Seitenflächen verringern sich in der Breite zur Spitze hin bis auf 6 Ellen. Ganz aus hartem Stein ist sie gebaut, einem schwer zu bearbeitenden Werkstoff, der jedoch ewig hält: Obwohl, wie es heißt, nicht weniger als 1 000 Jahre bis in unsere Lebenszeit vergangen sind, nach anderen sogar 3 400 Jahre, bewahren die Steine bis jetzt ihr ursprüngliches Gefüge und schützen den ganzen Bau vor Verwitterung.

Man sagt, der Stein sei von weit her aus Arabien hergebracht und der Bau selbst mit Hilfe von Aufschüttungen bewerkstelligt worden, denn Hebewerke hatte man damals noch nicht erfunden. Und was das Wunderbarste ist: Obwohl man Werke von solchen Ausmaßen hinstellte und obwohl ringsherum Sand ist, blieb weder von der Aufschüttung noch von den ausgeführten Steinmetzarbeiten auch nur eine Spur zurück. So besteht die Ansicht, ein solches Werk könne gar nicht Stück für Stück von Menschen geschaffen worden sein, sondern müsse von einem Gott auf einmal und als Ganzes in die umliegende Sandlandschaft hineingestellt worden sein. Einige Ägypter versuchen, über diese Dinge Wundergeschichten zu erzählen, und sagen, die Aufschüttung habe aus Salz und Salpeter bestanden; man habe dann den Fluß darüber geleitet, um sie aufzulösen, so daß nur die von Menschenhand geschaffenen Bauwerke übrig blieben. So aber verhielt es sich in Wahrheit bestimmt nicht; vielmehr hat eine Masse menschlicher Arbeitskräfte, nachdem sie die Aufschüttung errichtet hatte, das Ganze wieder abgetragen und den ganzen Platz wieder in seinen alten Zustand versetzt. 360 000 Mann waren, wie es heißt, an dieser Fronarbeit beteiligt; das ganze Werk soll so in kaum 20 Jahren vollendet gewesen sein.

Nach dem Tod dieses Königs übernahm sein Bruder Chephren die Herrschaft und regierte 56 Jahre. ... Nach übereinstimmenden Nachrichten habe er – den Plänen seiner Vorgänger nacheifernd – die zweite Pyramide gebaut, die an technischer Vollendung der ersten gleichwertig, an Größe jedoch viel geringer ist: Die Seitenlänge ihrer Grundfläche beträgt nur 1 Stadion ...

Darauf wurde Mykerinos König, der Sohn des Erbauers der ersten Pyramide. Dieser unternahm es, eine dritte zu errichten, starb jedoch, bevor die ganze Arbeit vollendet war. Er gab der Länge der Grundlinien je 3 Plethren und ließ die Seitenwände bis zu 15 Lagen hoch aus dunklem Stein aufführen, der dem von Theben ähnelt, das übrige vollendete er mit dem gleichen [weißen] Stein, der bei den anderen Pyramiden Verwendung fand. An Größe bleibt dieses Bauwerk zwar hinter den oben genannten zurück, doch unterscheidet es sich von ihnen wesentlich durch die kunstvolle Gestaltung und die Kostbarkeit des Gesteins. ...

Manche behaupten auch, diese Pyramide sei das Grabmal der Hetäre Rhodopis; deren Liebhaber seien einige Gaufürsten zugleich gewesen, und um ihrer Zuneigung willen hätten sie zusammengelegt, um ihr dieses Bauwerk zu errichten.

Dieser Bericht, dessen Urheber die Pyramiden aus eigener Anschauung gekannt haben wird, nennt für die Grundlinie der Cheops-Pyramide mit 7 Plethren, also 700 Fuß, ein nur etwas zu geringes Maß und erkennt, daß die Höhe des Bauwerks geringer als seine Grundlinie war, wenngleich die Höhe überschätzt wird; die oberste Breite wird mit 6 Ellen, also 9 Fuß beschrieben. Anders als Herodot, ja vielleicht in bewußter Auseinandersetzung mit dessen Angaben, äußert sich Hekataios auch über die Konstruktion des Bauwerks: Hebewerke seien seinerzeit noch gar nicht erfunden gewesen. Er bedient sich also – wie Herodot zur Rhodopis-Geschichte – des sinnvollen historischen Arguments der Chronologie. Auch andere, teils ja wirklich wundersame Angaben über die Baumethode werden von Hekataios sicher zu Recht abgelehnt.

Zur zweiten Pyramide, der des Chephren, ist die Angabe zur Grundlinie – 1 Stadion, also 600 Fuß – zwar deutlich zu klein, doch entspricht die zur dritten mit 3 Plethren, also 300 Fuß, anders als die des Herodot eher der Realität; selbst die Zahl der Lagen dunklen Steins ist (jedenfalls fast) korrekt.

Doch auch dieser nüchterne Autor mochte nicht ohne das – hier etwas anders erzählte und natürlich ebenfalls sogleich als unhistorisch verworfene – Histörchen über Rhodopis auskommen ...

Die Pyramiden als Weltwunder

Während der römische Politiker und Fachschriftsteller Sextus Iulius Frontinus in seinem Werk über die Aquädukte indigniert schreibt, manche verglichen diese „mit den ganz offensichtlich nutzlosen Pyramiden oder anderen unnützen, aber von der Prahlerei der Griechen gefeierten Bauten“, kam Plinius in dem Buch seiner *Naturalis historia* (Naturkunde), das den Steinen gewidmet ist, nicht umhin, die riesigen Steinbauten der Pyramiden wenigstens zu erwähnen. Er schreibt:

Es sollen beiläufig auch die Pyramiden in Ägypten erwähnt werden, eine unnütze und dumme Zurschaustellung des Reichtums der Könige, da ja als Grund für ihre Errichtung von den meisten angegeben wird, daß jene ihren Nachfolgern oder den ihnen auflauernden Rivalen kein Geld hinterlassen oder dem Volk etwas zu tun geben wollten. Darin war die Prahlerei jener Männer groß.

Es gibt Reste von mehreren angefangenen Pyramiden. ... Die drei Pyramiden aber, die den ganzen Erdkreis mit ihrem Ruhm erfüllt haben, sind für jeden, der – aus welcher Richtung auch immer – anreist, bestens sichtbar; sie stehen auf der afrikanischen Seite [des Nils] auf einem Felshügel in der Wüste zwischen der Stadt Memphis und dem sogenannten Delta, vom Nil weniger als 4 Meilen entfernt, von Memphis 7½. In der Nähe liegt ein Dorf namens Busiris; dort leben Leute, die jene Pyramiden zu besteigen gewohnt sind. [Es folgen – mit einem Verweis auf Herodot und andere Autoren – Maßangaben] ...

Dies sind die Wunder der Pyramiden, und das größte ist dabei – damit keiner bloß die Mittel der Könige bewundere –, daß die kleinste, aber am meisten gerühmte von ihnen von der Hetäre Rhodopis errichtet wurde. Diese war einst die Mitsklavin und Konkubine des Fabel-Autors Äsop; und ein noch größeres Wunder ist, daß solche Mittel durch Prostitution erworben wurden.

Warum also erfüllten die drei Pyramiden bei Memphis „den ganzen Erdkreis mit ihrem Ruhm"? Nur wegen der Rhodopis? Nein, in seinem *Reiseführer zu den Sieben Weltwundern* weiß Philon von Byzanz (s. Kapitel 1) dann doch noch andere Gründe:

Die Pyramiden in Memphis zu errichten scheint unmöglich, sie zu erforschen wundersam. Berge sind nämlich auf Berge gebaut, und die Größe der würfelförmigen Quader macht ihren Aufbau unvorstellbar, da niemand zu fassen vermag, mit welchen Kräften die so schweren Werkstücke hochbewegt werden konnten. Von der quadratischen Basis, die zugrunde liegt, haben die unterirdischen Steine als Fundament die gleiche Größe wie die oberirdischen Höhen jeder Anlage, und allmählich verjüngt sich das ganze Werk zu einer Pyramide und zur Figur eines Winkelmaßes. Die Höhe beträgt dabei 300 Ellen, der Umfang [der Basis] sechs Stadien. Das ganze Bauwerk ist so zusammengefügt und geglättet, daß es scheint, als bestehe es aus einem einzigen zusammengewachsenen Fels. Verschiedene Arten von Stein sind aufeinander gebaut, und einerseits ist der Fels weißer Marmor, andererseits schwarzer Stein aus Aithiopien, ferner der sogenannte Hämatit, dann ein bunter und grünschimmernder Stein, der, wie es heißt, aus Arabien gebracht wird. Von einigen sind die Farben, die eine dunkelschimmernde Natur haben, glasgrün, und nach diesen gibt es eine Färbung, die gleichsam apfelfarben ist, von anderen wiederum eine, die purpurn scheint; sie gleichen damit jenen, die durch die [Purpur-]Schnecken meeresgefärbt sind. Zum Überraschenden kommt also das Erfreuliche, zum Wunderbaren das Kunstvolle, zum Reichen das Großartige. Der lange Aufstieg macht die Mühe einer ganzen Reise; steht man auf dem Gipfel, wird einem dunkel vor Augen, wenn man in die Tiefe hinabschaut. Mit der Anmut des Anblicks der Farben hat der königliche Reichtum die Vielfalt der Ausstattung verwoben. Rühme sich getrost das Glück in der Gewißheit, durch solche außerordentliche Aufwendungen selbst die Sterne zu berühren, denn entweder steigen die Menschen durch solche Werke zu den Göttern empor oder die Götter zu den Menschen herab.

Mit einem Umfang von 6 Stadien, also 3 600 Fuß, bestimmt Philon die Seitenlänge also sogar zu jeweils 900 Fuß, 100 mehr als Herodot und deutlich mehr als die Realität; seine Angabe zur Höhe von 300 Ellen, also 450 Fuß und damit der Hälfte der Grundlinie, ist dafür etwas zu klein. Was Philon aber außer der schieren Größe des Baus besonders beeindruckte, war seine geradezu grelle Buntheit. Hätten Philons Leser tatsächlich einmal die „Mühsal der Reise" auf sich genommen, die Philon ihnen zu ersparen vorgibt (s. o. S. 18f.), wären sie diesbezüglich sicher recht enttäuscht gewesen!

Wieder andere (vermeintliche) Eigenschaften der Pyramiden bewunderten andere spätantike Autoren an diesen gewaltigen Bauten. So schreibt der Historiker Ammianus Marcellinus im 4. Jahrhundert:

Die Pyramiden gehören zu den Sieben Weltwundern. Ihre langwierige und schwierige Erbauung beschreibt der Schriftsteller Herodot. Es sind Türme, die höher aufgeführt sind, als man es von Menschenhand bewerkstelligen kann; ganz unten sind sie sehr breit, nach oben hin aber verjüngen sie sich bis zu den Spitzen. ... Da ihre gewaltige Masse zu überwältigender Höhe aufsteigt und sich allmählich verjüngt, hebt sie auch nach einem mechanischen Prinzip die Schatten auf.

Keinen Schatten auf den Boden werfen die Pyramiden freilich nur um die Mittagszeit im Sommer, doch tatsächlich findet sich gleich in mehreren späteren Weltwunder-Listen (s. Kapitel 9) als überhaupt einziger Grund für die Berühmtheit der Pyramiden, daß diese gar keinen Schatten würfen!

Christliche Autoren hingegen suchten das Weltwunder der Pyramiden in ihrer eigenen Tradition zu verankern: Nicht ein ägyptischer König (und schon gar nicht eine Prostituierte) habe sie angelegt, sondern der biblische Joseph, der – wie im Ersten Buch Mose steht – dem Pharao durch Deutung eines Traumes sieben fette und sieben magere Jahre geweissagt hatte. In den sieben fetten Jahren hatte er Getreide in großen Scheunen eingelagert und es in den sieben mageren dann verteilt. Was also konnten die Pyramiden für Christen anderes sein als die Scheunen des Joseph?

Die Hetäre Rhodopis

Bunte Bausteine, kein Schattenwurf oder biblische Bauten – je weniger man von den Pyramiden wußte, umso vielfältiger

wurden die Gründe, weshalb man sie für eines der Sieben Weltwunder halten mochte.
Doch kehren wir noch einmal zurück in die klassische Antike und blicken wir damit zugleich in das neuzeitliche Nachleben der Weltwunder-Idee bei den Humanisten. Gleich mehrere Varianten der Rhodopis-Geschichte haben wir bereits kennengelernt; eine weitere findet sich in einem ganz nüchternen geographischen Werk, das ein jüngerer Zeitgenosse des Diodor, Strabon von Amaseia (s. S. 12), verfaßt hat:

Vierzig Stadien von Memphis entfernt trifft man auf eine bergige Höhe, auf der viele Pyramiden stehen, Gräber von Königen. Drei verdienen besondere Erwähnung, zwei davon werden sogar zu den Sieben Weltwundern gezählt. Bei viereckiger Gestalt messen sie 1 Stadion in der Höhe, wobei diese nur wenig größer als jede Seite ist. Ein wenig größer als die andere ist die eine Pyramide; diese hat an einer Seite in mäßiger Höhe einen herausnehmbaren Stein. Wird dieser herausgehoben, führt ein Bogengang zur Gruft. Diese Pyramiden stehen nun nahe aneinander auf derselben Ebene; weiter entfernt, etwas höher auf der Bergfläche, steht die dritte, viel kleinere, aber mit weit größerem Aufwand errichtete: Von der Grundlage bis fast zur Mitte besteht sie nämlich aus einem schwarzen Gestein, aus dem man auch Mörser macht; von weit her wurde es gebracht, denn es stammt aus Aithiopiens Gebirgen, und durch seine Härte und die Schwierigkeit seiner Bearbeitung macht es das Bauwerk kostbar.

Man behauptet, diese Pyramide sei das Grabmal einer Hetäre, das von ihren Liebhabern errichtet worden sei. Die Dichterin Sappho nennt sie Doricha ..., andere Rhodopis und fabeln folgendes: Als Rhodopis einmal badete, entriß ein Adler einen ihrer Schuhe ihrer Dienerin, trug ihn nach Memphis und warf ihn dem dort im Freien Recht sprechenden König, über seinem Haupt schwebend, in den Schoß. Der König aber habe, sowohl von der Niedlichkeit des Schuhes als auch von dem sonderbaren Ereignis bewegt, im ganzen Land nach der Besitzerin dieses Schuhes suchen lassen. Endlich habe man sie in der

Abbildung 3: Maarten van Heemskerck,
Die Pyramiden von Ägypten (1572)

Stadt Naukratis gefunden und herbeigeholt; sie wurde die Gattin des Königs und erhielt später das eben genannte Grabmal.

Strabons Angaben zu den Maßen entsprechen etwa denen, die Diodor bei Hekataios von Abdera gefunden hatte: Die hier genannte Höhe von 1 Stadion entspricht den dort erwähnten 6 Plethren, nämlich 600 Fuß; daß freilich die Grundlinie eher kürzer als die Höhe sei, findet sich so bei keinem Autor, ebensowenig der Bogengang zur Gruft. Und zur Hetäre Rhodopis weiß uns Strabon noch etwas Neues, wahrhaft Wunderbares zu berichten!

Ob Strabon wie (zumindest angeblich) Herodot und (sicher) Hekataios von Abdera das Weltwunder der Pyramiden aus eigenem Augenschein kannte, sei dahingestellt; ein Ägypten-Aufenthalt des Autors ist zumindest belegt. Sicher nicht selbst gesehen hat sie aber in der frühen Neuzeit der Künstler, dessen Bild der *Piramides Aegypti* von 1572 unsere Abbildung 3 wiedergibt, Maarten van Heemskerck. Allenfalls waren diesem Künstler die nach Rom verbrachten ägyptischen Obelisken bekannt, vielleicht auch die in Rom stehende Pyramide des Cestius, die im Vergleich zu den altägyptischen Pyramiden weit steiler ist, weil sie auf spätere oberägyptische Vorbilder zurückgeht. Besonders vertraut aber waren ihm ganz offenbar antike Texte wie der des Strabon: Wie von jenem angegeben, weist Heemskercks Pyramide einen Bogengang zur Gruft auf – und im Vordergrund des Bildes sitzt der Pharao und blickt nicht etwa hinüber zu dem gewaltigen Weltwunder-Bau, sondern hinauf zum Adler mit dem niedlichen Schuh der Hetäre Rhodopis.

3. Die Mauern von Babylon

Die alte Königsstadt

Babylon, die alte Königsstadt am Euphrat, das Babel der Bibel, war vor allem von Hammurapi (1728–1686 v. Chr.) zur Hauptstadt des ersten Babylonischen Reiches ausgebaut worden. Nach wechselvoller Geschichte – die Herrschaft ging an die Hethiter, die Kassiten, die Elamiter und dann jahrhundertelang, wenn auch ständig umstritten, an die Assyrer – und nach vielerlei Zerstörungen kam Babylon im 7. Jahrhundert v. Chr. in die Hand des Königs Nabopolassar (Nabu-apal-usur, 625–606 v. Chr.), der zum Begründer eines Herrscherhauses werden sollte: der Chaldäer-Dynastie. Vor allem seinem Sohn, dem uns aus der Bibel bekannten Nebukadnezar II. (Nabu-kudurri-usur, 605–562 v. Chr.), verdankt Babylon seinen Ausbau zum prächtigen Herrschafts-Zentrum jener Dynastie und ihres Reiches, das man deshalb auch (zur Unterscheidung von der Dynastie, der Hammurapi angehörte) als Neubabylonisches Reich bezeichnet.

Anders als bei Herrschaftswechseln in der früheren Zeit blieb die von Nebukadnezar prächtig ausgestattete Großstadt unzerstört, als sie im Jahr 539 v. Chr. vom König der Perser, Kyros II. (559–530 v. Chr.), eingenommen wurde. Ebensowenig litt Babylon, als 331 v. Chr. Alexander der Große nach seinem Sieg über die Perser erstmals einzog; hier sollte der König auch keine acht Jahre später sterben. Erst in der Hellenismus genannten Epoche nach Alexanders Tod, in der Babylon zum Reich der Seleukiden gehörte, verlor die Stadt durch deren Neugründungen im Zweistromland allmählich an Bedeutung.

Die Mauern des Nebukadnezar II.

Babylon war seit alters rings von einer Stadtmauer geschützt. Nebukadnezar II. ließ diese ausbauen und prächtig verzieren: Die Ausgrabungen, die der deutsche Archäologe Robert Koldewey von 1899 bis 1917 durchführte, haben etwa das prachtvolle Ischtar-Tor freigelegt, das heute eines der Prunkstücke im Alten Museum zu Berlin ist.

Gegen das „Rohr der Schlacht" (also die feindlichen Pfeile) ließ Nebukadnezar erstmals zusätzlich im Osten der Stadt ein weiteres Bollwerk anlegen. Über diese Außenmauer gibt er in einer Inschrift, die im keilschriftlichen Original auf einer großen Steinplatte erhalten ist, folgendes an:

Damit das Rohr der Schlacht nicht an Imgur-Enlil, die Stadtmauer von Babylon, herankomme, ließ ich, was kein früherer König getan hatte, über 4 000 Ellen Landes an den Seiten von Babylon eine gewaltige Mauer auf dem östlichen Ufer Babylon umgeben, so daß man von ferne nicht herankommen kann. Ihren Graben grub ich und dessen Böschung erbaute ich an seinem Ufer berghoch. Ihre weiten Tore fügte ich ein, und Türflügel aus Zedernholz mit einem Überzug aus Bronze errichtete ich in ihnen.

Beide Mauern, die Stadtmauer und die Außenmauer, nennt auch eine anonyme Stadtbeschreibung von Babylon, die mit der Gleichung *„Tintir ist Babylon"* beginnt und in der Altertumswissenschaft unter diesem Titel bekannt ist. Erhalten ist sie in mehreren Kopien in babylonischer Keilschrift; es gibt aber auch Bruchstücke einer Transkription, die den Keilschrift-Text mit griechischen Buchstaben wiedergibt (was übrigens für die Bestätigung der Entzifferung jener Keilschrift von Bedeutung war). Dieses Werk also nennt nach der Bezeichnung der acht Tore in der Stadtmauer zwei Mauerzüge:

Mauer Imgur-Enlil [„Enlil zeigte Wohlwollen"]: die Stadtmauer.
Mauer Nimit-Enlil [„Bollwerk des Enlil"]: die Außenmauer.

Archäologisch ist die gewaltige Außenmauer Babylons nur in Ansätzen untersucht worden: Es handelt sich um eine turmbewehrte, etwa 7 m dicke Mauer aus ungebrannten Lehmziegeln und eine dieser im Abstand von etwa 12 m vorgelagerte, etwa 7,80 m dicke Mauer aus gebrannten Ziegeln, die ihrerseits begleitet wird von einer dritten, etwa 3,30 m dicken Grabenmauer, ebenfalls aus Backstein. Die gesamte Anlage schützte den Osten Babylons über etwa 9 km. Da nach dem Niedergang von Babylon die wetterempfindlichen Lehmziegel nicht mehr erhalten blieben und die gebrannten Ziegel in anderen Bauten wiederverwendet wurden, lassen sich über die Höhe der alten Mauer keine genauen Angaben machen – man hat an 8 m über dem Boden gedacht, was zumal im Verein mit einem vielleicht ebenso tiefen Graben ein für die antike Kampftechnik geradezu unüberwindliches Hindernis gewesen wäre.

Im 2. Jahrhundert n. Chr. gibt der griechische Reiseschriftsteller Pausanias an, von Babylon gebe es fast „nichts mehr außer der Mauer"; und noch heute zeugen kilometerlange Erd-Dämme von diesem „Bollwerk des Enlil". Was aber wußte die Antike von Babylons Mauern?

Die Angabe(n) des Herodot

Der griechische Historiker Herodot bietet in seinem um die Mitte des 5. Jahrhunderts v. Chr. entstandenen Geschichtswerk als Teil seiner Beschreibung des Perserreichs nicht nur Angaben über Ägypten (s. Kapitel 2), sondern auch eine ausführliche Schilderung der Stadt Babylon, die er angeblich ebenfalls selbst besucht hatte. Seine Angaben über die Stadt beginnen mit folgenden Worten:

Babylon liegt in einer großen Ebene; jede Außenseite ist 120 Stadien lang. Die Stadt bildet ein Viereck, so ergibt sich insgesamt ein Stadtumfang von 480 Stadien. Dies also ist die Ausdehnung der Stadt Babylon; ausgestattet aber ist die Stadt wie keine, von der wir wissen.

Es läuft zuerst ein Graben um sie, tief, breit und voll Wasser, dann die Mauer, 50 Königsellen breit und 200 hoch. Eine Königselle ist drei Fingerbreit länger als die gewöhnliche.

Hier muß ich auch gleich anfügen, wozu die Erde aus dem Graben genutzt worden und wie die Mauer gebaut ist. Wäh-

rend man den Graben aushob, formte man gleich Ziegel aus der Erde, die man aus dem Graben hervorbrachte, und wenn man genug Ziegel gestrichen hatte, brannte man sie in Öfen. Dann nahm man als Mörtel heißen Asphalt, legte auch noch nach je dreißig Lagen Ziegeln ein Rohrgeflecht darauf und baute so zuerst die Wände des Grabens, dann auf die gleiche Weise die Mauer selbst.

Oben auf der Mauer errichtete man an den Rändern einander gegenüber einstöckige Aufbauten; in der Mitte zwischen den Aufbauten aber blieb genug Platz für die Durchfahrt eines Viergespanns. Einhundert Tore stehen rings in der Mauer, alle mit Bronze beschlagen, ebenso die Torpfosten und die Oberbalken. ...

Die Stadt besteht aus zwei Teilen, denn in der Mitte trennt sie ein Fluß namens Euphrat. Er kommt von Armenien her geflossen, ist groß, tief und schnell und mündet schließlich ins Rote Meer. Die Mauer ist nun beiderseits in einem Winkel bis an den Fluß geführt, von dort an aber biegt ein Wall aus gebrannten Ziegeln ab und zieht sich an beiden Ufern entlang. Die Stadt selbst ist voll von Häusern mit drei oder vier Stockwerken und wird von geraden Straßen durchschnitten, die längs des Flusses oder quer auf ihn zulaufen. ... Diese Mauer also ist der Panzer, innen aber läuft noch eine zweite Mauer herum, nicht viel schwächer als die andere, aber schmaler.

Die Städte in der griechischen Welt, aus der Herodot und sein Publikum stammten, waren in der Regel klein. So wird verständlich, daß ein Stadtviereck mit 120 Stadien (à 600 Fuß), also mehr als zwanzig Kilometern Seitenlänge für Herodot und seine Zeitgenossen geradezu wunderbar riesig erscheinen mußte.

Erst recht mußte dies für Mauern gelten, zwischen deren Aufbauten immer noch Platz für ein Viergespann war (was besonders beeindruckt, wenn man sich klar macht, daß bei der antiken Quadriga die Pferde nicht paarweise hinter-, sondern alle nebeneinander angespannt waren und deshalb besonders viel Platz benötigten)! Ja, Herodot nennt sogar Zahlen für die Größe der Mauern: 200 Königsellen hoch und 50 breit. Eine gewöhnliche Elle maß 1½ Fuß oder 24 Fingerbreit, eine Königselle sogar deren 27 und damit gut einen halben Meter. Die Außenmauer von Babylon war Herodot zufolge also mehr als 300 Fuß, mithin gut 100 m hoch und mehr als 25 m breit (damit ragte sie so weit in den Himmel wie die Türme der Münchener Frauenkirche und kam in ihrer Breite einer Bundes-Autobahn gleich) – eine ganz offenbar übertriebene Angabe. Doch damit nicht genug für Herodot: Hinzu kamen ja noch die inneren Mauern!

Bei alledem gibt Herodot an, aus eigener Anschauung zu berichten. Angesichts derart unglaublicher Aussagen drängt sich geradezu die (in der Altertumswissenschaft freilich heftig umstrittene) Frage auf, ob Herodots Angaben überhaupt auf eigenem Erleben beruhen können. Eines sind sie hier aber gewiß: ‚Angabe' ...

Wer hatte nun den Bau solch riesiger Mauern veranlaßt? Auch darauf geht Herodot ein, wenn auch nur kurz, am Ende seiner Beschreibung von Babylon:

Über Babylon haben viele Könige geherrscht ... und die Mauern und Heiligtümer erbaut. Unter ihnen waren aber auch zwei Frauen: Die als erste herrschte, und zwar fünf Generationen vor der späteren, hatte den Namen Semiramis; sie führte Dämme in der Ebene auf, die sehenswert sind; vorher pflegte der Strom die ganze Ebene zu überschwemmen. Danach herrschte als zweite Königin eine mit Namen Nitokris, die hatte noch mehr Verstand als die frühere Herrscherin ...

Bei Herodot erscheint Semiramis also noch als eine Mauer-Bauherrin unter vielen.

Die Phantastereien des Ktesias

Anders ist dies bei Ktesias von Knidos, der um 400 v. Chr. mehrere Jahre als Arzt am Hof des Perserkönigs Artaxerxes II. (404–359 v. Chr.) gelebt und darüber ein ausführliches und streckenweise sehr phantasiereiches Werk mit dem Titel *Persika* verfaßt hatte. Darin handelte er sicher auch von Babylon; ob er die Stadt aus eigener Anschauung zu kennen behauptete, wissen wir nicht, denn es sind nur Bruchstücke seiner Arbeit erhalten. Doch lag sie sicher dem griechischen Geschichtsschreiber Diodor (s. Kapitel 2) vor, der ihr in der folgenden Passage ausdrücklich folgt (und sie durch zwei Anmerkungen in Klammern ergänzt):

Semiramis, von Natur aus geneigt, Großes zu unternehmen, und begierig, ihren Vorgänger in der Herrschaft an Ruhm noch zu übertreffen, beschloß, in Babylonien eine Stadt zu gründen. Zu diesem Zweck wählte sie von überall her Architekten und Handwerker aus, stellte das Material bereit und holte zur Vollendung des Werkes zwei Millionen Menschen zusammen. Mitten durch die Stadt ließ sie den Euphrat fließen; sie umgab sie mit einer Mauer von 360 Stadien Länge, die durch dicht nebeneinander gestellte hohe Türme unterteilt war, wie Ktesias von Knidos angibt (Kleitarchos und die Männer, die später mit Alexander nach Asien zogen, nennen 365 Stadien und fügen hinzu, Semiramis habe, da ein Jahr die gleiche Zahl von Tagen habe, mit Absicht diese Anzahl Stadien vorgesehen). Indem sie gebrannte Ziegel durch Asphalt verband, habe sie, wie jedenfalls Ktesias sagt, eine Mauer von 50 Klaftern (nach Mitteilung einiger der späteren Autoren 50 Ellen) Höhe errichtet, in ihrer Breite von zwei Gespannen zugleich befahrbar. Die Zahl ihrer Türme betrage 250, und deren Höhe wie Breite passe zur Masse der übrigen Mauer.

Vielleicht war Ktesias' Bericht auch dem lateinischen Autor Curtius Rufus bekannt, der in seiner Geschichte Alexanders des Großen anläßlich dessen Einzugs in Babylon über die Stadt und ihre Mauern teils ähnliche Angaben macht wie Diodor.

Was also behauptete Ktesias? Der Umfang der Mauer, die er ohne Diskussion der Assyrer-Herrscherin Semiramis zuweist, wird von ihm mit 360 Stadien um ein Viertel kürzer als bei Herodot angegeben, doch sind dies noch immer mehr als

60 km! Ein Klafter entspricht 4 Ellen (s. u. S. 118); die Mauerhöhe von 50 Klaftern, die Ktesias nennt, kommt also den von Herodot angegebenen 200 Königsellen (100 m) nahe – eine weiterhin unglaubliche Angabe! Und zur Breite ist dieser Bericht noch großzügiger und erlaubt sogar ‚Gegenverkehr' auf der Mauer ...

Die Aussagen der Begleiter Alexanders

Nicht die Angabe, daß die Mauern ein Werk der Assyrer-Herrscherin Semiramis waren, wurde in der Folge bezweifelt – im Gegenteil: Bei den späteren Autoren und in den Weltwunder-Listen (s. Kapitel 1 und 9) verfestigt sich dieser bei Herodot noch ganz vage Bezug immer mehr.

Hingegen wurden die Maßangaben von einigen der späteren Autoren tatsächlich auf ein zumindest eher vorstellbares Maß zurechtgestutzt: Vielleicht hatten nämlich die „Männer, die später mit Alexander nach Asien zogen", als Augenzeugen bessere Angaben gemacht. Jedenfalls zweifelt Diodor in seinem einen Klammer-Zusatz mit Recht an Ktesias' Angabe über die Höhe der Mauern und zitiert „einige der späteren Autoren", die eine Verwechslung von 50 Klaftern mit 50 Ellen annehmen. Eine Mauer-Höhe von 50 (noch dazu gewöhnlichen) Ellen entspricht etwa 22 m, also eine noch immer gewaltige Höhe (die mittelalterlichen Mauern etwa von Nürnberg sind nur gut ein Drittel so hoch), die aber zumindest als Entfernung der Mauerkrone von der Grabensohle überhaupt vorstellbar ist.

Ausdrücklich auf einen Begleiter Alexanders des Großen bezieht sich Diodor in seinem anderen Klammer-Zusatz, den er Kleitarchos zuweist. Dieser hatte wohl noch im 4. Jahrhundert v. Chr. eine ausführliche, wenn auch teils recht romanhafte Lebensgeschichte des großen Alexander verfaßt. Ebenfalls am Alexanderzug beteiligt, und zwar zeitweise in der engsten Umgebung des Königs, war Onesikritos aus Astypalaia, der auch selbst ein Werk über Alexander den Großen geschrieben hatte. Es ist wie das des Kleitarchos nicht ganz erhalten, doch gehen wohl darauf die Angaben über Babylon zurück, die im 1. Jahrhundert v. Chr. der griechische Gelehrte Strabon in seiner Geographie (s. Kapitel 1) bietet. Über die Mauern von Babylon heißt es dort:

Babylon liegt in einer Ebene. Der Umfang der Mauer beträgt 385 Stadien, die Dicke 32 Fuß, die Höhe zwischen den Türmen 50 Ellen, mit den Türmen aber 60. Der Weg auf der Mauer ist so breit, daß Viergespanne bequem aneinander vorbeifahren können. Deshalb wird zu den Sieben Weltwundern sowohl diese Mauer gezählt als auch der Hängende Garten ...

Auch Strabon, der die Mauer von Babylon – anders als die bisher zitierten Autoren – ausdrücklich als Weltwunder bezeichnet, spricht also von deren riesigem Umfang. Nicht nur bezüglich ihrer Höhe, die er etwa wie Diodor angibt, sondern nun auch bezüglich der mit 32 Fuß, also etwa 10 m bezifferten Breite gibt er jedenfalls eher vorstellbare – und auch mit dem archäologischen Befund eher vereinbare – Maße an als Herodot und Ktesias.

Ein Zeugnis aus dem hellenistischen Babylon

Hören wir schließlich einen Mann, der aus Babylon selbst stammte: Berossos. Er war dort im 3. Jahrhundert v. Chr. Priester und schrieb ein Werk mit dem Titel *Babyloniaka,* das von der Urzeit bis zum Tod Alexanders des Großen reichte und das dem Seleukiden-König Antiochos I., dem Sohn eines der Nachfolger jenes Königs in Syrien, gewidmet war. Auch dieses Werk ist nicht ganz erhalten, doch hat der jüdische Historiker Flavius Josephus die für uns einschlägige Passage gleich in zwei seiner griechischen Werke wörtlich zitiert:

Als Nabopolassar gehört hatte, daß der von ihm in Ägypten und im Gebiet von Koilesyrien und Phoinikien eingesetzte Satrap [Statthalter] abgefallen sei, übertrug er, weil er selbst den Strapazen nicht mehr gewachsen war, seinem bereits erwachsenen Sohn Nebukadnezar den Oberbefehl über einen Teil seines Heeres und sandte ihn zum Kampf gegen jenen aus. Nebukadnezar traf auf den Abtrünnigen, besiegte ihn in einer Schlacht und brachte das jenem untergebene Gebiet wieder unter seine Herrschaft.

Nun geschah es, daß Nabopolassar zu dieser Zeit erkrankte und in der Stadt der Babylonier sein Leben aushauchte, nachdem er 21 Jahre lang König gewesen war. Als bald darauf Nebukadnezar vom Tod seines Vaters erfuhr, brachte er die Angelegenheiten Ägyptens und des übrigen Gebiets zum Abschluß und befahl einigen seiner Freunde, die jüdischen, phoinikischen und syrischen Gefangenen, dazu die von den ägyptischen Völkerschaften, zusammen mit den Schwerbewaffneten und dem Troß nach Babylonien zu geleiten; er selbst machte sich mit nur kleinem Gefolge durch die Wüste auf nach Babylon.

Dort waren inzwischen seine Angelegenheiten von den Chaldäern verwaltet und die Herrschaft vom Besten von diesen geführt worden; nun übernahm Nebukadnezar sie und damit das gesamte Reich seines Vaters. Dann ordnete er an, den Kriegsgefangenen nach ihrem Eintreffen Siedlungen in den dazu am besten geeigneten Landstrichen Babyloniens anzuweisen; er selbst aber gab dem Heiligtum des Bel und anderen reichlich aus der Kriegsbeute und fügte zu der seit alters bestehenden Stadt Babylon einen neuen Stadtteil hinzu; auch verhinderte er eine etwa von künftigen Belagerern der Stadt geplante Ableitung des Flusses [Euphrat] dadurch, daß er nicht nur die innere Stadt mit drei Mauern umgab, sondern ebenso die äußere mit drei, von denen jeweils die inneren aus gebrannten Ziegeln und Asphalt bestanden, ebenso die äußeren [also nur die mittleren aus Lehmziegeln bestanden]. Als er Babylon so befestigt und mit prächtigen Toren versehen hatte, erbaute er noch einen Palast ...

Berossos, der – wie gesagt – in Babylon zu Hause war, gibt zunächst einen im wesentlichen korrekten Abriß der Frühgeschichte der Chaldäer-Dynastie und macht bezüglich des Umfangs, der Höhe und der Breite der Mauern von Babylon keinerlei Angaben; vielmehr beschränkt er sich auf die Nennung von „dreifachen“ Mauern (wie sie ja auch der archäologische Befund gezeigt hat).

Anders als andeutungsweise Herodot und ausführlicher Ktesias und Kleitarchos nennt der Babylonier nicht Semiramis als Bauherrin der Mauern, sondern – wie wir wissen: zu Recht – Nebukadnezar.

Die Mauern als Weltwunder

Daß jedoch Berossos mit seinem recht nüchternen Bericht nicht das letzte Wort über die Mauern von Babylon behielt, sondern daß vor allem die Angaben Herodots und wohl auch die bei Diodor bewahrten Phantastereien des Ktesias spätere Autoren zu immer neuen Vermutungen anregten, macht schließlich der *Reiseführer zu den Sieben Weltwundern* des Philon von Byzanz besonders anschaulich:

Semiramis hatte außer ihrem königlichen Sinn auch Reichtum. Daher also hinterließ sie, als sie starb, einen Weltwunder-Schatz: Sie hatte Babylon ummauert, wofür sie ein Fundament von dreihundertsechzig Stadien Länge legte, so daß eine Umwanderung der Stadt einen mühsamen Tagesmarsch erfordert. Doch nicht allein in der Größe besteht das Erstaunliche, sondern auch in der Sicherheit der Bauweise und im Ausmaß des Gebiets im Inneren; die Mauer ist nämlich aus gebranntem Ziegel und Asphalt errichtet. Die Höhe der Mauer beträgt mehr als fünfzig Ellen, die Breite der Wehrgänge läßt vier vierspännige Wagen zur selben Zeit verkehren. Dicht stehend und zusammenhängend sind die Türme, die auf ihren Ebenen ein ganzes Heer aufnehmen können. Daher also ist die Stadt das Bollwerk der Persis und hat gleichsam in sich die ganze bewohnte Welt eingeschlossen. So viele Zehntausende von Menschen wohnen in ihrem ganzen Mauerring. Wieviel Land man anderswo mühsam landwirtschaftlich bebaut, so viel hat Babylon an bewohntem Gebiet, ja nur dort können die Bewohner innerhalb der Mauer auf Reisen gehen.

Zum Umfang und zur Höhe der Mauern folgt Philon zwar den erst in der Zeit nach Herodot und Ktesias üblichen Angaben, doch was die Bauherrin – eben Semiramis – angeht, ist er sich seiner Angaben sogar sicher. Ja, hinsichtlich der Breite der Mauern geht er noch weit über das zuvor Berichtete hinaus: Bei Herodot boten die Mauerkronen nur einer Quadriga, bei Ktesias schon zwei Wagen Platz, bei Philon aber reichen sie sogar gleich für vier Viergespanne! Daß bei ihm jeder der Türme auf seinen Ebenen auch ein ganzes Heer aufnehmen konnte, überrascht dann nicht ...

Semiramis

In der Vorstellungswelt der Antike galten die Mauern von Babylon als in Umfang, Höhe und Breite unglaublich groß, und hierin scheint auch ihre Weltwunder-Eigenschaft zu liegen: Tatsächlich werden die Mauern von Babylon in den meisten der antiken und mittelalterlichen Weltwunder-Listen aufgeführt (s. Kapitel 1 und 9), wobei stets Semiramis als Bauherrin genannt wird; auch das Bild (Abbildung 4), das sich im 16. Jahrhundert Maarten van Heemskerck von *Babylonis Muri,* Babylons Mauern, gemacht hat, führt sie auf Semiramis zurück.

Semiramis (Sammu-ramat) aber, die Gattin des assyrischen Königs Schamschi-Adad V. (823–810 v. Chr.) und Mutter von dessen Sohn und Nachfolger Adad-nirari III. (809–782 v. Chr.), wird zwar vor allem nach dem frühen Tod ihres Mannes als Königs-Mutter mancherlei Einfluß gehabt haben; daß aber die Mauern von Babylon, wie sie die klassische Antike kannte, auf ihre Tätigkeit zurückgehen, ist ganz unwahrscheinlich, zumal die Stadt nach der Zeit der Semiramis gleich mehrfach zerstört wurde, nach der des Nebukadnezar aber lange erhalten blieb.

Warum also Semiramis? Nicht genug, daß Babylon Mauern von unvorstellbarer Größe hatte: Erst, daß diese gewaltigen Mauern von einer Frau geschaffen worden seien – und zwar nicht von einer Hetäre, sondern sogar von einer Königin –, steigerte ihre Besonderheit in der antiken und mittelalterlichen (Männer-)Gesellschaft ins vollends Unermeßliche ...

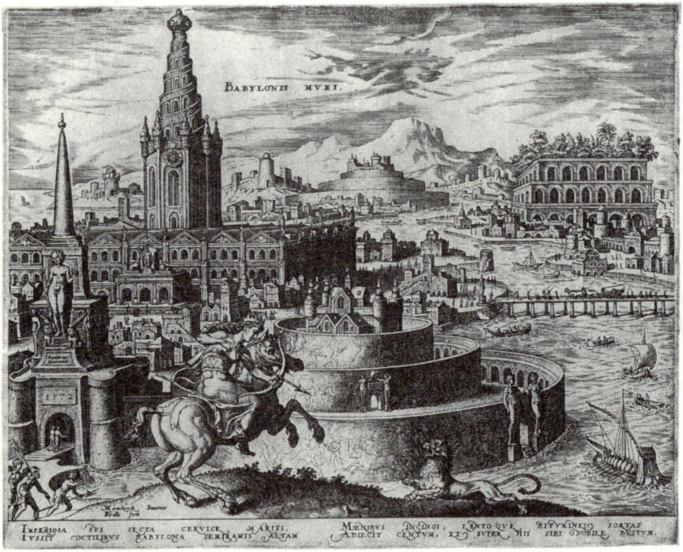

Abbildung 4: Maarten van Heemskerck,
Die Mauern (und die Hängenden Gärten) von Babylon (1572)

4. Die Hängenden Gärten von Babylon

Paläste und Paradiese

... Aber Odysseus
nahte dem herrlichen Haus des Alkinoos. Vieles erwog er,
stehenbleibend, bevor er zur ehernen Schwelle gelangte.
Denn genauso wie Strahlen der Sonne oder der Mondes
leuchtete blendend der hohe Palast des mutigen Königs. ...
Jenseits des Hofs, vor dem Tore, erstreckte, vier Morgen bedeckend,
sich ein herrlicher Garten; allseitig war er umfriedet.
Ragende Bäume standen darinnen, in üppigem Grünen,
Birnen, Granaten und Äpfel, behangen mit prächtigen Früchten,
köstliche Feigen, dazu noch Oliven in prangender Fülle.
Niemals gehen hier aus und niemals verderben hier Früchte,
Winter wie Sommer, das ganze Jahr; nein, immerfort schmeicheln
westliche Winde, lassen Früchte hier keimen, dort reifen.
Birne auf Birne gelangt zur Reife, Apfel auf Apfel,
Feige auf Feige, am Weinstock jedoch auch Traube auf Traube. ...
Derart beschenkten das Haus des Alkinoos glänzend die Götter.
Immer noch stand der göttliche Dulder Odysseus und staunte,
als er nach Herzenslust den köstlichen Anblick genossen,
trat er über die Schwelle geschwind in das Innre des Hauses.

Odysseus war, wie Homer erzählt, auf seinen Irrfahrten zu den Phaiaken verschlagen worden; dort hatte er Aufnahme bei König Alkinoos gefunden. Bevor er aber dessen Palast betrat, schaute er sich um und staunte über das prächtige Haus – und den dazu gehörenden, üppigen Garten.

Für die Menschen der antiken Mittelmeerwelt und des Orients waren Gärten stets etwas Besonderes, zumal es wegen des oft so heißen Klimas für die Anlage und Pflege eines Gartens besonderer Kunstfertigkeit bedurfte. Schon zu den meisten altorientalischen Palästen gehörte ein Park, der mit den königlichen Gemächern durch einen direkten Zugang verbunden war und es dem Herrscher ermöglichte, sich ungestört zu erholen. Ja, das Wort für diese Anlagen ging aus dem Orient ins Griechische und so auch in unsere Sprache ein: Aus persisch ‚*pairidaeza*' wurde griechisch ‚*paradeisos*' und deutsch ‚Paradies'.

Auch im Babylon Nebukadnezars II. wird es einen Garten beim Palast gegeben haben, wenngleich eindeutige zeitgenössische Belege dafür (jedenfalls bisher) fehlen. Archäologische Zeugnisse sind jedenfalls bisher nicht ans Licht gekommen; immerhin aber besagt die bereits in Kapitel 3 erwähnte keilschriftliche Steinplatten-Inschrift Nebukadnezars:

Ich formte gebrannte Ziegel in der Art eines Berges und errichtete einen großen, stufenweise terrassierten „kummu"-Bau als königlichen Aufenthaltsort für mich, hoch zwischen den Mauern von Babylon.

Wir wissen nicht, was genau dieser „*kummu*"-Bau war, erst recht nicht, wo er lag. So sind wir auf die antiken Berichte über die Gärten von Babylon angewiesen. Doch fehlt ein konkreter Hinweis gerade in den beiden frühesten Quellen zur Topographie Babylons, die wir ebenfalls im nämlichen Kapitel vorgestellt haben: Weder in der keilschriftlichen Stadtbeschreibung *Tintir ist Babylon* noch in der griechischen Schilderung, die Herodot in der Mitte des 5. Jahrhunderts v. Chr. verfaßt hat, ist ein Garten erwähnt.

Ja, tatsächlich lassen sich alle antiken Aussagen über die Hängenden Gärten nicht weiter als bis in das 4. Jahrhundert v. Chr. zurückverfolgen, nämlich bis zu den Autoren der Werke, die für uns als ganze verloren, aber durch spätere Zitate in der antiken Literatur teilweise bewahrt sind und die wir auch bereits in Kapitel 3 kennengelernt haben. Was also können wir diesen entnehmen?

Die Phantastereien des Ktesias

Als älteste Angabe muß uns die des Ktesias von Knidos gelten, dessen *Persika* von seinem Aufenthalt am Hof des Perserkönigs um 400 v. Chr. handeln. Diodor folgt ihm – wie erwähnt – in seinen Angaben über die Mauern von Babylon, nicht aber über die Hängenden Gärten, zu denen er sich offenbar auf Kleitarchos beruft. Dafür liegt Ktesias' Aussage vielleicht einer Passage über Babylon zugrunde, die sich bei Quintus Curtius Rufus in dessen lateinischer Biographie Alexanders des Großen findet:

Beim Palast von Babylon sind – ein in griechischen Erzählungen gefeiertes Wunder – die Hängenden Gärten. Sie liegen in der Höhe der Mauerkrone und sind durch viele schattenspendende, hochgewachsene Bäume anmutig.

Aus Naturstein sind Pfeiler errichtet, die das ganze Werk tragen, und über den Pfeilern ist ein Boden aus Quadersteinen verlegt für die Erde, die hoch darauf liegt, und auch für das Wasser, das diese feucht hält. Und derart mächtige Bäume trägt dieses Bauwerk, daß ihre Stämme 8 Ellen dick werden und sie bis zu 50 Fuß hoch in den Himmel ragen, ja sogar Früchte tragen, als würden sie vom Mutterboden genährt. Und während sonst der Zahn der Zeit nicht nur Werke von Menschenhand zernagt, sondern allmählich sogar die der Natur selbst, steht dieses wuchtige Bauwerk mit all der Last so viel wurzelschlagender Bäume, ja eines ganzen Haines, noch in unangetasteter Dauer; 20 Fuß breite Wandmauern tragen es nämlich, die voneinander jeweils nur 11 Fuß entfernt sind. Schaut man von fern darauf hin, so glaubt man deshalb, natürliche Wälder ragten hier auf ihren Bergen empor.

Ein König von Syrien, der in Babylon herrschte, soll diesen Bau geschaffen haben, und zwar aus Liebe zu seiner Gemahlin. Sie hatte aus Sehnsucht nach ihren Hainen und Wäldern den Gatten dazu bewogen, mitten im Flachland mit einem derartigen Bauwerk die anmutige Natur nachzuahmen.

Über das Aussehen der Gärten von Babylon bietet dieser Bericht manche wahrhaft phantastische Angabe: Bäume von 8 Ellen, also gut 3½ m Stammdurchmesser konnten im ganzen Orient wohl nicht einmal auf gutem Mutterboden wachsen!

Auch über die Lage der Gärten findet sich hier wenig Genaues: Gesagt wird nur, daß sie sich „beim Palast“ befanden. Und als Bauherr erscheint ein nicht näher bestimmter „König von Syrien“.

Die Aussagen der Begleiter Alexanders

Konkreter sind hingegen wiederum die Aussagen, die sich zumindest in ihrem Kern auf Begleiter Alexanders des Großen zurückführen lassen, etwa auf Onesikritos von Astypalaia, dessen Werk – wie in Kapitel 3 gesagt – wohl dem griechischen Geographen Strabon vorlag. Im Anschluß an das dort über die Mauern von Babylon Zitierte heißt es bei ihm:

Zu den Sieben Weltwundern wird sowohl die Mauer gezählt als auch der Hängende Garten, der bei viereckiger Gestalt an jeder Seite 4 Plethren mißt. Er wird getragen von Gewölben auf Bögen, die einer über dem anderen auf würfelähnlichen Pfeilern ruhen. Die Pfeiler sind hohl und mit Erde gefüllt, so daß sie die Wurzeln der größten Bäume fassen, und sowohl sie als auch die Bögen sind aus gebrannten Ziegeln und Asphalt ausgeführt. Das oberste Verdeck hat treppenähnliche Aufstiege und die anliegenden ‚Schnecken‘, mittels derer damit beauftragte Leute unaufhörlich das Wasser aus dem Euphrat in den Garten empor befördern. Der 1 Stadion breite Strom fließt nämlich mitten durch die Stadt, und der Garten liegt am Strom.

Ein Stadion mißt 600 Fuß, etwa 180 m, ein Plethron 100 Fuß, etwa 30 m. Der Hängende Garten (Strabon verwendet wie die meisten der anderen Autoren die Einzahl) hatte demnach eine Fläche von 120 m auf 120 m, mithin fast anderthalb Hektar – oder vier Morgen: gerade die Größe des Gartens beim Palast des Alkinoos.

Bewässert wurde der Garten diesem Bericht zufolge mittels „Schnecken", die es ermöglichten, Wasser aus dem Euphrat in die Höhe zu befördern; der Garten lag am Fluß.

Auch Kleitarchos, ebenfalls ein Begleiter Alexanders, hat offenbar diesen Park beschrieben, denn auf seine Aussage bezieht sich wohl Diodor bei seiner Schilderung, die er zwischen zwei Passagen über Semiramis einschiebt:

Da gab es auch den sogenannten Hängenden Garten beim Palast, und zwar nicht von Semiramis, sondern von einem der späteren Könige von Syrien, den dieser einer seiner Nebenfrauen zuliebe anlegte. Diese soll persischer Abstammung gewesen sein und voller Sehnsucht nach ihren heimatlichen Bergwiesen den König gebeten haben, mit Hilfe der Gartenbaukunst die Eigenart persischer Landschaft nachzuahmen.

Dieser Park ist an jeder Seite etwa 4 Plethren lang und zieht sich wie Berg-Terrassen über mehrere Stockwerke hinan, so daß das Ganze wie ein Theater [mit seinen ansteigenden Sitzstufen für die Zuschauer] aussieht. Unterhalb von diesen ansteigenden Lagen befanden sich Gänge, welche die Last der Gartenanlagen zu tragen hatten, jeder entsprechend der Neigung des Anstiegs etwas höher als der vorhergehende. Der oberste von ihnen war 50 Ellen hoch und trug auf sich die obersten Teile des Parks, etwa in gleicher Höhe mit der Brustwehr der Mauer. Die Stützmauern, die man für hohe Beträge errichtet hatte, waren 22 Fuß, ihre Zwischenräume aber nur 10 Fuß breit, die Decke bestand aus steinernen Quadern, die einschließlich des Spundes je 16 Fuß lang und 4 breit waren. Das Dach über diesen Quadern hatte zuerst eine Schicht aus Schilfrohr mit viel Asphalt, darüber eine doppelte aus gebrannten Ziegeln, die durch Gips verbunden waren; eine dritte Schicht bildeten Bleiplatten, damit nicht die Feuchtigkeit von der darauf geworfenen Erde in die Tiefe hinunter dringe. Obenauf lag eine Schicht Erde, tief genug auch für die Wurzeln größter Bäume. Der Boden selbst war geebnet und mit vielerlei Bäumen bepflanzt, wie sie in ihrer Höhe und sonstigen Schönheit die Betrachter in ihrer Seele erfreuen mußten.

Die Gänge, die ihr Licht dadurch erhielten, daß sie voneinander abgesetzt waren, hatten zahlreiche verschiedenartige Räumlichkeiten für den Aufenthalt des Königs. Nur in einem dieser Räume, und zwar in der obersten Lage, befanden sich Öffnungen und Maschinen zum Heraufholen des Wassers: Mit ihrer Hilfe wurde Wasser aus dem Fluß [Euphrat] nach oben gebracht, ohne daß die Leute draußen etwas bemerkten.

Dieser Park also wurde, wie schon gesagt, erst später erbaut.

Noch genauer als in dem zuvor zitierten Bericht wird hier beschrieben, wie der Garten (Diodor spricht wiederholt von *paradeisos*) angelegt war; die Angabe über die Höhe der obersten Schicht paßt dabei zu der, die Strabon bezüglich der Höhe der Mauern gemacht hat. Und daß der Garten am Euphrat lag, wird hier ebenfalls vorausgesetzt; als Bauherr aber erscheint ausdrücklich nicht Semiramis, sondern „einer der späteren Könige von Syrien" – wieviel „später", wird freilich nicht gesagt.

Ein Zeugnis aus dem hellenistischen Babylon

Hören wir schließlich auch zu diesem Thema einen Mann, der aus Babylon selbst stammte: Berossos. In seinen *Babyloniaka*, die wir ebenfalls bereits anhand der Beschreibung der Mauern (in Kapitel 3) kennengelernt haben, heißt es im Anschluß an das dort Zitierte bei Flavius Josephus wiederum wörtlich:

Als Nebukadnezar Babylon so befestigt und mit prächtigen Toren versehen hatte, erbaute er einen mit dem Palast seines Vaters zusammenhängenden zweiten Palast, dessen Größe und glanzvolle Ausstattung zu beschreiben hier vielleicht zu weit führen würde, doch darf nicht unerwähnt bleiben, daß er trotz seiner gewaltigen Ausdehnung schon in 15 Tagen vollendet war.

In diesem Palast errichtete er steinerne Anhöhen, gab ihnen eine Gestalt, die der von Bergen sehr ähnlich war, bepflanzte sie mit vielerlei Bäumen, und bewerkstelligte und vollendete so den sogenannten Hängenden Park, weil seine Frau nach bergiger Umgebung verlangte, da sie im Gebiet von Medien aufgewachsen war.

Wieder verzichtet Berossos auf phantastisch ausgeschmückte Berichte (hinter den 15 Tagen hat man eine Verschreibung für 15 Jahre vermutet), ja er lehnt sie hier sogar ausdrücklich ab. Seine Aussage zur Lage des Gartens widerspricht den bisher zitierten Angaben anderer nicht; über jene hinaus aber gibt Berossos an, welcher König als Schöpfer des Hängenden Parks (auch er verwendet übrigens das griechische Wort *paradeisos*) zu gelten habe, wiederum, wie bei den Mauern, Nebukadnezar II. (625–605 v. Chr.).

Die Gärten als Weltwunder

Sieht man von den Phantastereien des Ktesias ab, fragt man sich, weshalb diese Gärten als Wunder galten. Immerhin führt sie ja bereits die erste vollständig erhaltene Liste der Sieben Weltwunder auf, nämlich das in Kapitel 1 zitierte Gedicht des Antipatros von Sidon aus dem 2. Jahrhundert v. Chr. In den bisher angeführten Texten wird zum einen die massive Konstruktion nicht nur aus Ziegel-, sondern auch aus den (im Zweistromland nicht anstehenden) Natursteinen hervorgehoben, zum anderen die mittels „Schnecken“ oder „Maschinen“ bewerkstelligte Bewässerung auch der oberen Lagen des Parks. An diesem ‚technischen‘ Aspekt war Philon von Byzanz in seinem Werk über die Sieben Weltwunder besonders interessiert:

Der sogenannte Hängende Garten hat den Bewuchs überirdisch und wird so in der Luft bebaut, wobei er mit den Wurzeln der Bäume wie ein Dach von oben den gewachsenen Erdboden überdeckt. Unten sind steinerne Säulen aufgestellt, so daß der ganze Ort durch die Pfeiler unterirdisch ist. Auf den Pfeilern liegen Palmen als Querbalken, jede für sich, und lassen jeweils nur einen ganz engen Zwischenraum. Dieses Holz fault als einziges von allen nicht; befeuchtet und belastet wölbt es sich nach oben, und es nährt die Triebe der Wurzeln, indem es die Wurzelknoten von außerhalb zu sich in seine eigenen Lücken aufnimmt. Auf diese Querbalken ist viel tiefe Erde aufgeschüttet, und schließlich sind breitblättrige und insbesondere Gartenbäume gepflanzt, ebenso vielerlei Blumen aller Art – kurz, alles was anzuschauen am erfreulichsten und zum Genuß am angenehmsten ist. Bebaut wird der Ort wie der gewachsene Boden, ja er läßt den Anbau von Sprößlingen ähnlich wie festes Land zu. Diese Äcker also liegen über den Häuptern derer, die bei den Tragpfeilern umhergehen. Wenn die Oberfläche von oben betreten wird, bleibt die Erde unten auf den Decken wie bei Orten mit sehr tiefer Erde unbewegt, ja völlig unberührt.

Die Zufuhr von Wasser, das Quellen an höher gelegenen Orten schütten, erfolgt teils, indem es in geradem Lauf bergab fließt, teils, indem es, in ‚Schnecken' hinaufgedrückt, nach oben läuft; dabei fließt es durch mechanische Kräfte um die Schraubengänge der Maschinen. Es wird in zahlreiche große Bassins ausgeschüttet und bewässert den ganzen Garten, tränkt die Pflanzenwurzeln in der Tiefe und hält das Ackerland feucht, weshalb eben die Wiesen immerblühend und die Baumblätter, die an zarten Zweigen wachsen, taugenährt und windumweht sind. Indem nämlich die Wurzel unablässig durstlos gehalten wird, saugt sie immerfort die vorüberlaufende Feuchte der Wasser auf, und indem sie sich im unterirdischen Geflecht fest verklammert, bewahrt sie den hohen Wuchs der Bäume fest und sicher gegründet. Üppig und königlich ist das kunstvolle Werk und besonders überwältigend darin, daß es die Arbeit des Landbebauens gleichsam über die Häupter der Betrachter aufhängt.

Wie die Autoren, deren Aussagen man gewöhnlich auf Ktesias und Kleitarchos zurückführt, nennt auch Philon Bewässerungs-Maschinen oder „Schnecken", die es ermöglicht hätten, die hochgelegenen Teile des Gartens kontinuierlich zu bewässern. Tatsächlich erlauben die nach ihrem Erfinder Archimedes (287–212 v. Chr.) benannten „archimedischen Schrauben" ja, durch die Drehung einer Spirale, die in eine Röhre eingefügt ist, Wasser nicht durch die Saugkraft, wie sie eine Pumpe voraussetzt, sondern durch die Nutzung einer einfachen Drehbewegung (etwa einer Tretmühle) in die Höhe zu befördern.

Erfunden aber war diese Form der Wasserhebemaschine zur Zeit des Nebukadnezar (oder gar der Semiramis) noch gar nicht, aber auch nicht zu der des Ktesias und Kleitarchos. Ist es also gar kein Zufall, daß Berossos – dessen Text der früheste uns im wörtlichen Zitat erhaltene ist – keine solchen Maschinen erwähnt? Sind sie in die anderen, eben nicht wörtlichen Zitate älterer Autoren nur von den jeweils späteren zitierenden Autoren eingefügt worden, weil ihnen einzig diese Maschinen aus der zeitgenössischen Erfahrung als nächstliegende Methode des Wasserhebens einfielen? Wie glaubwürdig sind dann aber ihre anderen Nachrichten? Und ist es dann kein Zufall, daß weder die keilschriftliche Topographie *Tintir ist Babylon* noch Herodot über die Gärten sprechen? Sind sie vielleicht überhaupt erst im 3. Jahrhundert angelegt worden und meint der „spätere König von Syrien" einen der (in diesem Land nach Alexander dem Großen herrschenden) Seleukiden? Welchen? Warum bezieht sich dann aber der Babylonier Berossos in seinem – einem Seleukiden gewidmeten – Werk ausdrücklich auf Nebukadnezar II. als Bauherrn auch der Gärten?

Hinzu tritt die Frage, warum es bisher nicht gelungen ist, die Gärten in Babylon zu lokalisieren. Robert Koldewey, der Erforscher der Stadt, hat – mit aller wissenschaftlich-vorsichtigen Zurückhaltung – angenommen, die Gärten wären über einem in Ruinen erhaltenen Gewölbebau angelegt gewesen, für dessen Errichtung – wie von den antiken Quellen angegeben – Natursteine verwendet worden waren. Doch liegt dieser Bau an der vom Euphrat abgewandten Seite des Stadtpalastes von Babylon und widerspricht damit den Autoren, die ausdrücklich eine Lage des Parks am Euphrat bezeugen; auch mißt dieser Platz keineswegs 4 Morgen Landes. Ebenso unbefriedigend sind aber auch neuere Versuche, die entweder eine Lage an der dem Euphrat zugewandten Seite des Stadtpalastes annehmen (wo jedweder archäologische Beleg für eine Gartenanlage oder gar für so gewaltige Unterbauten aus Naturstein fehlt, wie sie von den antiken Autoren beschrieben werden) oder aber an dem außerhalb der Stadtmauern, aber gerade noch innerhalb der Außenmauern ganz im Norden am Euphrat gelegenen sogenannten Sommerpalast (der – soweit er überhaupt archäologisch erforscht ist – jedenfalls auch keinerlei gewaltige Unterbauten aus Stein aufweist).

Aber ist die Suche nach den Hängenden Gärten überhaupt sinnvoll? Wäre es nicht ebenso gut möglich, ja sogar wahrscheinlicher, daß der – für die Öffentlichkeit ja mit Absicht unzugängliche – Palastgarten des Nebukadnezar, der nach des Königs eigenen Worten „als königlicher Aufenthaltsort hoch zwischen den Mauern von Babylon" lag, die Phantasie der griechischen Autoren so beflügelte wie der Garten des Alkinoos, den wir der Phantasie Homers verdanken?

Beide Gärten lagen bei einem prächtigen Palast, beide waren 4 Morgen groß, und beide waren „allseits umfriedet". Tatsächlich nennt Plinius zum Thema ‚Berühmte Gärten' einmal neben zwei aus der Mythologie bekannten „die des Königs Alkinoos und die Hängenden Gärten, sei es, daß diese Semiramis oder ein Syrer-König gemacht hat", und tatsächlich erscheint Alkinoos' Garten in einer späteren Weltwunder-Liste anstelle der Hängenden Gärten (s. Kapitel 9).

Der Garten beim Palast des Alkinoos war, wie wir zu Beginn dieses Kapitels gesehen haben, durch das Wunder ewiger Fruchtbarkeit ausgezeichnet: „Niemals gehen hier aus und niemals verderben hier Früchte, Winter wie Sommer, das ganze Jahr." Ist es da so merkwürdig, wenn man dem unzugänglichen königlichen Aufenthaltsort Nebukadnezars II. hoch zwischen den Mauern von Babylon andere Wunder zuschrieb? Für die zeitgenössischen Texte und für Herodot gab es noch nichts Besonderes zu berichten: Erst spätere Autoren haben in dem Palastgarten von Babylon immer größere Wunder ‚gesehen' und sind dabei vor Anachronismen nicht zurückgeschreckt. Doch drängte es sich nicht geradezu auf, in dem (vielleicht gar nicht so eindrucksvollen, aber eben unzugänglichen) Palastgarten im riesigen, von einem Weltwunder geschützten Babylon immer mehr ein Wunder zu sehen?

Semiramis

Und Semiramis? Keine antike Quelle und keine antike Weltwunder-Liste nennt Semiramis eindeutig als Erbauerin der Hängenden Gärten; bei Diodor wird eine solche Verbindung sogar ausdrücklich verworfen.

Erst in der Neuzeit erscheint Semiramis als Herrin der Hängenden Gärten – wohl wegen des Zusammenhangs mit den Mauern von Babylon, die man ja (wenngleich ebenfalls zu Unrecht, aber zumindest im Verein mit den antiken Aussagen) auf diese Königin bezieht. Beide Monumente sind etwa auf dem Bild (Abbildung 4) wiedergeben, das sich im 16. Jahrhundert Maarten van Heemskerck von *Babylonis Muri*, Babylons Mauern, gemacht hat: die dreifachen Mauern und – im Hintergrund – die Hängenden Gärten auf dem Dach eines dreistöckigen Palastes. Beide sind nun, 1572, Semiramis zugeschrieben.

Kurz: Das archäologisch nicht faßbare Weltwunder der Hängenden Gärten, das Paradies am Palast von Babylon, blühte vor allem in der antiken Phantasie – und das der Hängenden Gärten der *Semiramis* sogar erst in der Neuzeit.

5. Die Statue des Zeus von Olympia

Die Olympischen Spiele und Zeus

Stammten die drei bisher behandelten Weltwunder aus dem Alten Orient, so führt uns die Statue des Zeus von Olympia in die griechische Welt. Überhaupt das erste feste Datum der Geschichte jener Welt stellten nach antiker Auffassung die ersten Olympischen Spiele dar, die im alten Orakel-Heiligtum des Zeus von Olympia, einem Ort in der griechischen Landschaft Elis am Fluß Alpheios auf der Peloponnes in dem Jahr stattfanden, dem in unserer Zeitrechnung das Jahr 776 v. Chr. entspricht; anhand der zeitlichen Entfernung von jenem ersten Jahr der ersten Olympiade datierte man spätere Ereignisse (da die Spiele alle vier Jahre stattfanden, begann der Vierjahreszeitraum der 2. Olympiade im Jahr 772 v. Chr., der der 50. im Jahr 580 v. Chr.).

Doch erst seit dem 6. Jahrhundert v. Chr. fanden die Agone (Wettspiele) von Olympia in der griechischen Welt Anerkennung als wichtigste der vier sogenannten Kranz-Agone: Wie bei den Wettbewerben von Olympia bestand nämlich – so die Erklärung dieses Begriffs – auch bei denen in Delphi, in Nemea und an der Landenge von Korinth der Siegespreis nur aus einem Kranz (der dem Sieger freilich so viel Ruhm verlieh, daß sich ein materieller Gewinn wohl von selbst einstellte). Noch später wurde dann auch die Altis, der heilige Bezirk von Olympia, durch feste Bauten geschmückt: Im zweiten Viertel des 5. Jahrhunderts v. Chr. entstand hier der große Tempel des Zeus auf einer Grundfläche von fast 28 m auf mehr als 64 m und mit einer lichten Höhe des Innenraums von etwa 14½ m – seinerzeit der größte Tempel auf der ganzen Peloponnes. In ihm wurde erst einige Jahre nach seiner Fertigstellung von dem berühmten Bildhauer Ph(e)idias die Statue des Zeus errichtet, eine riesige Konstruktion: Über einem für die Betrachter unsichtbaren Innen-Gerüst waren Platten aus Gold und Elfenbein angebracht, mit denen die Kleidung und die Haut des Gottes dargestellt waren – eine von Phidias schon zuvor erfolgreich bei dem (in der Antike kaum weniger berühmten) Standbild der Athene auf der Akropolis von Athen erprobte Methode.

Doch während die Olympischen Spiele nicht zuletzt durch ihre Wiederbelebung in der Neuzeit auch heute wohlbekannt sind und während die bei einem Erdbeben gleichsam scheibenweise umgefallenen Säulentrommeln des Zeus-Tempels heute zu den bekanntesten Sehenswürdigkeiten von Olympia zählen, ist vom Weltwunder der Zeus-Statue nichts erhalten; von ihr zeugen fast ausschließlich die antiken Texte. Welche Vorstellung von diesem bereits in der ersten ganz erhaltenen Weltwunder-Liste (s. Kapitel 1) angeführten Werk vermitteln sie?

Eine Besucher-Attraktion

In der Antike gehörte die Statue des Zeus im Tempel von Olympia zu den wichtigsten Sehenswürdigkeiten überhaupt. Schon der (in Kapitel 1 vorgestellte) gelehrte Dichter Kallimachos schrieb für einen frühen ‚Touristen', der im 3. Jahrhundert v. Chr. die Statue des Zeus von Olympia besichtigen wollte, ein Geleitgedicht, das nach Ausweis der spärlichen Fragmente dieses Textes die Maße der Statue in Versform brachte. Der Thron war demnach 30 Fuß hoch, die Götterfigur nochmals fünf Ellen, also 7½ Fuß mehr; dies ergibt eine Gesamthöhe der Statue von fast 12 m, die somit der Höhe des Tempel-Innenraums recht nahekommt. Darüber berichtet nun auch zwei Jahrhunderte später Strabon in seiner Geographie:

Olympia erhielt seine Berühmtheit anfänglich durch sein Orakel des Olympischen Zeus. Als dieses einging, bestand der Ruhm des Heiligtums dennoch weiter, ja erlebte noch den wohlbekannten großen Zuwachs durch die Festversammlung und den Olympischen Agon [die Olympischen Spiele], der von allen als einer der Kranz-Agone, und zwar als der heilig[st]e von allen angesehen wird. So wurde Olympia ge-

schmückt von der schieren Menge der aus ganz Griechenland dargebrachten Weihgeschenke. ... Das größte von allen diesen stellte das Standbild des Zeus dar, das Phidias, Charmides' Sohn aus Athen, aus [Gold und] Elfenbein in solcher Riesengröße gebildet hatte, daß der Künstler trotz der Größe des Tempels das Ebenmaß verfehlt zu haben schien: Zeus war sitzend dargestellt, und doch berührte er beinahe mit dem Scheitel die Decke, so daß er den Eindruck machte, er werde, wenn er aufstehe, den Tempel abdecken.

Manche haben die Maße des Standbilds aufgezeichnet; Kallimachos hat sie sogar in Iamben-Versen ausgesprochen. Viel half dem Phidias auch der Maler Panainos, sein Neffe und Mitarbeiter, beim Schmuck des Standbilds durch die Farben insbesondere des Gewandes. Auch zeigt man im Bereich dieses Tempels viele wunderbare Gemälde, Werke dieses Malers.

Von Phidias aber erzählt man, daß er dem Panainos auf die Frage, nach welchem Modell er das Bildnis des Zeus [Kronion] darstellen wolle, geantwortet habe, nach jenem des Homer, das in folgenden Versen ausgedrückt sei:

Sprach's und mit den schwarzen Brauen nickte Kronion,
und die ambrosischen Haare des Herrn wallten nach vorne
von dem unsterblichen Haupt, und erbeben ließ er den großen Olympos.

Das scheint wahrhaft schön gesagt: Sowohl durch das Ganze als insbesondere durch die Augenbrauen ruft der Dichter die Vorstellung hervor, daß er ein großgedachtes Urbild aufmale und eine große, des Zeus würdige Macht darstelle. Ebenso handelt er bei Hera, über die er – zugleich das für beide Schickliche beachtend – sagt:

Sie warf sich hin und her auf dem Thron, ließ erbeben den großen Olympos.

Was bei Hera dadurch geschieht, daß sie sich ganz bewegt, erfolgt bei Zeus durch einen bloßen Wink mit den Augenbrauen, den auch das Haupthaar etwas mitempfindet.

Wie Phidias' Statue des Zeus von Olympia auf die antiken Menschen wirkte – nämlich der überragenden Dichtung Homers entsprechend – können wir Strabon entnehmen, jedoch eigentlich nicht, wie sie aussah.

Daß jedenfalls die Wirkung der Statue weite Kreise zog, entnehmen wir etwa Plinius, der über Phidias' Zeus schlicht sagt, daß ihm „niemand den Rang streitig macht", und der nur wenige andere Werke dieses Meisters nennt, darunter die Gold-Elfenbein-Statue der Athene auf der Akropolis von Athen (s.o.) und das Bronze-Standbild einer Amazone in Ephesos (s. Kapitel 6). Ja, daß immer mehr Menschen aufbrachen, die Statue des Zeus von Olympia anzusehen, macht im 1. Jahrhundert n.Chr. der griechische Philosoph Epiktet(os) aus Hierapolis in Phrygien beiläufig in einem Lehrgespräch deutlich:

[Epiktet:] Ihr reist nach Olympia, um das Werk des Phidias zu sehen, und jeder von euch hält es für ein Unglück, zu sterben, ohne es besichtigt zu haben. Dabei ist aber gar keine Reise dorthin nötig: Wo nämlich die Gottheit schon anwesend und in ihren Werken gegenwärtig ist, dort wollt ihr nicht hinschauen und die Wahrheit erkennen? Wollt ihr denn nicht wahrnehmen, wer ihr seid, wozu ihr auf der Welt seid und was das ist, wofür ihr euer Sehvermögen erhalten habt?

[Seine Gesprächspartner:] Aber es gibt doch manches Unerfreuliche und Schlimme im Leben!

[Epiktet:] Gibt es das in Olympia etwa nicht? Stöhnt ihr da nicht unter der Hitze? Bekommt ihr dort keine Platzangst vor lauter Gedränge? Müßt ihr euch da nicht unter einfachsten Verhältnissen waschen? Werdet ihr nicht völlig naß, wenn es regnet? Seid ihr nicht Lärm, Geschrei und all den anderen Übeln ausgesetzt?

Die ausführlichste Beschreibung jedoch verdanken wir dem griechischen Reiseschriftsteller Pausanias, der im 2. Jahrhundert n. Chr. nach Olympia kam; seine Schilderung der Sehenswürdigkeiten auf der Altis beginnt mit dem Tempel und dem Standbild des Zeus und besagt über die Statue selbst folgendes:

Der Gott sitzt auf einem Thron und ist aus Gold und Elfenbein gemacht; ein Kranz liegt auf seinem Haupt in Gestalt von Ölbaumzweigen. In der rechten Hand trägt er eine ebenfalls aus Elfenbein und Gold gemachte [Figur der] Nike [Siegesgöttin], die ein Band hält und auf dem Haupt einen Kranz hat. In der linken Hand des Gottes befindet sich ein Szepter, das mit vielen Metall-Einlagen verziert ist; der Vogel, der auf dem Szepter sitzt, ist der Adler [das Hoheits-Tier des Zeus]. Aus Gold sind auch die Sandalen des Gottes und ebenso sein Gewand; an diesem sind Tierfiguren und Lilienpflanzen angebracht.

Der Thron wirkt farbig durch Gold und Edelsteine, farbig auch durch Ebenholz und Elfenbein; auch sind auf ihm Tierfiguren aufgemalt und Bildwerke angebracht. Vier Nike [-Figuren], die in Gestalt von Tanzenden gestaltet sind, befinden sich an jedem Bein des Throns, zwei weitere am Fuß jedes Thronbeines. ... Zwischen den Beinen des Thrones sind vier Leisten, von denen jede von einem Bein zum anderen reicht. An der Leiste gegenüber vom Eingang befinden sich sieben Figuren [von Knaben im Ringkampf]; von der achten von ihnen weiß man nicht, auf welche Weise sie verschwunden ist. Das werden Darstellungen alter Kämpfe sein, denn die Wettkämpfe der Knaben [im Pankration, dem kombinierten Ring- und Faustkampf] waren zur Zeit des Phidias noch nicht eingerichtet. Übrigens soll [in dieser Darstellung] der Knabe, der sich selbst den Kopf mit einem Band umwickelt, dem Pantarkes ähnlich sehen, einem elischen Knaben, der des Phidias Geliebter gewesen sein soll; und Pantarkes hatte einen Sieg im Ringkampf der Knaben bei den 86. Olympischen Spielen errungen ...

Obwohl ich weiß, daß die Maße des Zeus in Olympia nach Höhe und Breite aufgezeichnet sind, will ich die nicht loben, die sie gemessen haben, da auch die von ihnen angegebenen Maße weit hinter dem Eindruck zurückbleiben, den das Standbild auf die Betrachter macht.

Pausanias' Beschreibung ist die ausführlichste antike Schilderung eines Kunstwerks überhaupt; in unserem Auszug sind nämlich die zahlreichen Details zu den mythologischen Szenen auf dem Thron und auf Gemälden in seiner Nähe übergangen. Tatsächlich behandelt Pausanias jedoch vor allem eben diesen Thron und die bodennahen Teile des Standbilds. Verzichtet er aber wirklich nur deshalb auf konkretere Angaben, weil diese dem (seinen Lesern ja erst durch den Text zu vermittelnden) „Eindruck" des Standbildes abträglich wären? Oder konnte er schlicht dessen höher gelegenen Teile im Halbdunkel des Tempel-Innenraums nicht erkennen? Sehr viel jedenfalls erfahren wir auch hier nicht darüber, wie die Statue des Zeus aussah.

Dafür gibt uns Pausanias mit der Erwähnung des Pantarkes einen Hinweis auf die Datierung von Phidias' Tätigkeit in Olympia: Wenn dieser Knabe – nach einem christlichen, der heidnischen Zeus-Statue feindlichen Zeugnis verewigte der Künstler den Namen des Geliebten auch auf einem Finger der Zeus-Statue – bei den 86. Olympischen Spielen siegte und Phidias ihn bei dieser Gelegenheit kennen- und liebenlernte, waren beide nach der oben erläuterten Rechnung im Jahr 436 v. Chr. in Olympia.

Und auch von der „Werkstatt des Phidias" auf der Altis spricht Pausanias etwas später; Ausgrabungen in den 50er Jahren unseres Jahrhunderts haben diese Werkstatt freigelegt und manche Hinweise auf kunsthandwerkliche Tätigkeit erbracht – doch wiederum keine Reste, die darauf schließen lassen, wie die Statue des Zeus insgesamt aussah.

Ein berühmtes und doch unbekanntes Kunstwerk

Auch bildliche Darstellungen dieses Weltwunders aus der Antike fehlen weitgehend; allenfalls lassen sich kleine Bilder auf Münzen, die in der Zeit des Kaisers Hadrian (117–138 n. Chr.) in Elis geschlagen wurden, als Repräsentationen der Zeus-Statue deuten, bieten aber wegen des kleinen Formats keinerlei Details.

Dem Ruhm des Standbilds tat dies freilich keinen Abbruch. Bereits der große römische Politiker und Philosoph des 1. Jahrhunderts v. Chr., Marcus Tullius Cicero, hatte über die Statue des Zeus von Olympia geschrieben, sie sei „das Vollkommenste, was man in dieser Art sieht“. Phidias habe bei seiner Schöpfung „nicht ein wirkliches Modell vor Augen gehalten, dem er es ähnlich zu gestalten suchte; vielmehr ruhte in seinem eigenen Geist ein Ideal der Schönheit, auf das er seinen Blick fest gerichtet hielt, so daß dieses als Muster seine Künstlerhand leitete“. Schöner als die Statue des Zeus von Olympia ist Cicero zufolge also nur noch die Idee der Schönheit an sich – doch auch diese Aussage macht uns das Aussehen des Standbilds nicht deutlicher.

Noch wortgewaltiger wird das Standbild in einer Festrede beschrieben, die der griechische Redner Dion von Prusa bei den 219., 220. oder 221. Olympischen Spielen, also zwischen 97 und 105 n. Chr. in Olympia selbst hielt. Den Phidias spricht er dabei mit folgenden Worten an:

Tüchtigster und bester Künstler, daß du eine entzückend anzuschauende Kostbarkeit geschaffen hast, eine unvorstellbar ergötzliche Augenweide für alle Griechen und Barbaren, die hier [in Olympia] schon bei zahlreichen Gelegenheiten zahlreich zusammenkamen, wird niemand bestreiten. Denn wahrhaftig, auch nicht vernunftbegabte Lebewesen werden wohl starr vor Staunen sein, wenn sie nur einen Blick erhaschen können: Die Opferstiere, die jeweils zu diesem Altar hier geführt werden, werden ihren Nacken willig den Opferpriestern beugen, ob sie so vielleicht dem Gott noch einen Gefallen erweisen könnten, und Adler, Pferde und Löwen werden ihr unbändiges, wildes Temperament ablegen und ganz ruhig sein, erfreut von dem Anblick. Und auch wenn ein Mensch – mag er in seiner Seele noch so beladen sein, viel Unglück und Leid in seinem Leben erduldet und nie süßen Schlaf gefunden haben – wenn also ein Mensch vor diesem Standbild steht, wird er, so denke ich, alles Furchtbare und Schwere, das einem im Menschenleben begegnet, vergessen. So hast denn du ein Schaustück erdacht und geschaffen, dessen Anblick wahrhaftig ‚Schmerzen lindert und Ärger, vergessen macht jegliches Unheil‘ [Homer].

Dann versetzt sich Dion eine Zeitlang in die Rolle des Phidias selbst und läßt diesen sagen:

Unser Zeus ist friedlich und in allen Zügen freundlich, ganz der Schirmherr über ein durch keinen Aufruhr zerrissenes, einträchtiges Griechenland. Ich habe ihn geschaffen, nachdem ich mit meiner Kunst und mit der weisen und trefflichen Stadt Elis zu Rate gegangen bin: Mild und majestätisch, mit ungetrübt heiterer Miene als Spender des Lebens und Gedeihens und aller Güter, als den gemeinsamen Vater, Retter und Beschützer der Menschen – soweit es einem Sterblichen möglich ist, in seinen Gedanken die Göttlichkeit und unnachahmliche Natur nachzuahmen.

Siehe nun, ob du nicht alle Beinamen des Gottes zu meiner Statue passend findest: Zeus nämlich heißt als einziger der Götter ‚Vater' und ‚König', ‚Städte-Beschirmer', ‚Schutzherr der Freundschaft' und ‚Hüter der Gemeinschaft', dazu noch ‚Bewahrer der Schutzflehenden', ‚Beschützer der Fremden' und ‚Schirmherr der Ernte', und so hat er noch unzählige Beinamen, alle von guter Bedeutung. ‚König' heißt er wegen seiner Macht und Herrschaft, ‚Vater', wie ich glaube, wegen seiner Fürsorge und Milde, ‚Städte-Beschirmer' wegen seines Schutzes der Gesetze und des Gemeinwohls, ‚Hüter der Blutsverwandtschaft', weil Götter und Menschen eines Geschlechts sind ...

Wer nun all dieses zu veranschaulichen imstande war, ohne sich der Sprache zu bedienen, sollte der nicht ein großer Künstler sein? Die Herrschaft und das Königtum will die wuchtige Majestät der Gestalt vergegenwärtigen, den Vater und seine Fürsorge das Milde und Freundliche – und den Städte-Beschirmer und Gesetzgeber die strenge Erhabenheit. An die Verwandtschaft von Menschen und Göttern erinnert die Ähnlichkeit der Gestalt mit der menschlichen in symbolischer Weise. Den Schutzherr der Freundschaft, der Schutzflehenden, der Fremden und der Flüchtlinge und alle ähnlichen Züge drückt das Milde und Treuherzige aus, das in dem Bild sichtbar wird. Den Schirmherr des Erwerbs und der Frucht-

barkeit bilden die Schlichtheit und der Zug von Großherzigkeit ab, den das Ganze atmet ... Das alles habe ich, soweit es mir möglich war, dargestellt, denn in Worte konnte ich es nicht fassen.

Dem Phidias also fehlten die Worte – er mußte ein Weltwunder von einer Statue schaffen. Dion von Prusa freilich ist hier wie sonst um wunderbare Worte nicht verlegen; nicht umsonst erhielt er bereits in der Antike den Beinamen *Chrysostomos*, „Goldmund". Doch wieder hören wir viel über die Wirkung des Standbildes, kaum etwas aber über sein eigentliches Aussehen ...

Die Statue des Zeus von Olympia als Weltwunder

Die Zeus-Statue erscheint in vielen Weltwunder-Listen, darunter bereits der ersten ganz erhaltenen, und sie war zudem für manches Wunder gut. So erzählt Pausanias im Anschluß an das oben Zitierte:

Man sagt, daß der Gott selbst Zeuge für die Kunst des Phidias wurde: Als die Statue fertig war, betete Phidias, der Gott möge ihm ein Zeichen geben, ob ihm das Werk nach Wunsch gelungen sei, und dieser habe sofort auf die Stelle des Bodens einen Blitz geschleudert, wo heute als Aufsatz ein Bronzegefäß steht.

Und als der römische Kaiser Caligula (37–41 n. Chr.) sich an diesem Standbild vergreifen wollte, geschah ein weiteres Wunder:

Caligula gab den Auftrag, die Götterbilder, die besonders verehrt und besonders kunstvoll waren – darunter das des Jupiter [Zeus] von Olympia –, aus Griechenland [nach Rom] zu bringen, ihnen jeweils das Haupt abzunehmen und dafür sein eigenes daraufzusetzen. ... Doch ließ in Olympia die Statue des Jupiter [Zeus], die er auseinanderzunehmen und nach

Rom bringen zu lassen beschlossen hatte, plötzlich ein so lautes Gelächter ertönen, daß die Gerüste ins Wanken gerieten und die Arbeiter deshalb flohen.

Nach Rom also wurde die Statue nicht transportiert, doch blieb sie in der römischen Kaiserzeit gleichwohl nicht unversehrt. Bereits Dion Chrysostomos beschrieb ihren Zustand am Ende seiner oben zitierten Rede mit den Worten, die bei Homer der heimgekehrte Odysseus an seinen greisen Vater richtet:

> *Selber fehlt dir die nötige Pflege. Das leidige Alter*
> *drückt dich, du starrest vor Schmutz und bist auch*
> *schäbig gekleidet.*

Und auch Pausanias, der in anderem Zusammenhang eine Renovierung der Statue in der Mitte des 2. Jahrhunderts erwähnt, mußte im oben wiedergebenen Text vom Fehlen wenigstens einer Figur berichten; spätere Autoren berichten davon, daß Diebe zwei massiv-goldene Haarlocken des Zeus geraubt hätten. Wann das große Bild aber vollends verfiel, ist unbekannt. Die antike Tradition ist sich nicht einig, ob es mit dem Niedergang des antiken Olympia Ende des 4. Jahrhunderts n. Chr. verloren ging oder aber nach Konstantinopel verschleppt und dort ein Jahrhundert später bei einem Palastbrand zerstört worden ist.

Erhalten geblieben ist jedoch eine Vorstellung von der Statue als schönstes Stück der „großen Zeit von Hellas", die Philon von Byzanz in seinem *Reiseführer zu den Sieben Weltwundern* preist:

Des Zeus Vater ist im Himmel Kronos, in Elis jedoch Phidias; ersteren Zeus hat die unsterbliche Natur hervorgebracht, letzteren die Hände des Phidias, die allein Götter zu schaffen vermögen – der glückliche, der selbst als einziger den König der Welt gesehen hat und dann anderen diesen Herrn des Donners zu zeigen vermag. Man mag sich scheuen, von Zeus als Sohn des Phidias zu sprechen, doch ist jedenfalls die Mutter seines Bildes die Kunst geworden.

Abbildung 5: Maarten van Heemskerck,
Die Statue des Zeus von Olympia (1572)

Deshalb nämlich brachte die Natur Elefanten hervor, daß Phidias die Zähne der Tiere abschneiden und so auch das Material für die Verfertigung bereitstellen konnte. Daher also bestaunen wir die anderen der Sieben Weltwunder nur, dieses aber beten wir sogar an: Als Werk der Kunst ist es wundervoll, als Abbild des Zeus heilig. So findet die Arbeit ihren Lobpreis, die Unsterblichkeit ihre Verehrung.

O große Zeit von Hellas, die du reich warst an Schmuck für die Götter wie keine mehr später, die du einen Künstler als Schöpfer der Unsterblichkeit hattest, wie ihn das spätere Leben nicht mehr hervorgebracht hat, und die du den Menschen Abbilder der Götter zu zeigen vermochtest, wie sie keiner, der sie bei dir gesehen hat, bei anderen hätte sehen können. Ja, den Olymp hat Phidias längst übertroffen, um so viel, wie die Klarheit besser als die Vermutung, die sichere Kenntnis als die Suche nach ihr, die Anschauung als das Hörensagen ist.

Klarheit, sichere Kenntnis und Anschauung freilich fehlten dem Philon und seinen Nachfolgern, denn die Statue des Zeus von Olympia war vergangen. Und so beruht auch das Bild, das sich 1572 Maarten van Heemskerck von *Olympii Iovis Simulacrum,* des Olympischen Zeus Götterbild, nicht in einem geschlossenen Tempel, sondern in einem offenen, halbrunden Bau gemacht hat (Abbildung 5), eher auf Vermutung, Suche und Hörensagen. Es hat daher wohl nicht viel gemein mit dem Original aus der großen Zeit von Hellas (nicht einmal die Nike-Figur und das Szepter, von denen Pausanias spricht, sehen wir hier) – und ist doch schön.

6. Der Tempel der Artemis von Ephesos

Der alte Tempel und die Tat des Herostratos

Phidias, der Schöpfer der Statue des Zeus von Olympia, gehörte zu den berühmten Künstlern, die zur Ausstattung eines gewaltigen Tempels der Artemis von Ephesos beitragen durften, wie Plinius berichtet:

Die berühmtesten Künstler traten, obwohl sie zu verschiedenen Zeiten geboren waren, miteinander in Wettbewerb, da sie alle [Statuen von] Amazonen geschaffen hatten. Als diese im Tempel der Diana [Artemis] von Ephesos geweiht wurden, beschloß man, die am besten gelungene von ihnen durch das Urteil der anwesenden Künstler selbst auswählen zu lassen. Dabei wurde offenbar, daß es diejenige war, die jeder von ihnen als nach seiner eigenen zweitbeste beurteilt hatte ...

Die Amazonen waren für die Geschichte dieses Tempels deshalb von Bedeutung, weil sich einst – wie man erzählte – einige von ihnen vor ihren Verfolgern in einen uralten, der Artemis heiligen Bezirk im Schwemmland bei Ephesos an der Westküste von Kleinasien hatten retten können und weil die Amazone Otrere, eine Gattin des Kriegsgottes Ares, aus Dankbarkeit dafür eben den ersten Tempel für diese Göttin dort gestiftet hatte. Die Nachfolgebauten dieses Tempels waren deshalb mit Statuen von Amazonen geschmückt.

Und wie Zeus selbst der von Phidias geschaffenen Statue in Olympia durch das Wunder eines Blitz-Zeichens seine Zustimmung gegeben hatte (s. o. S. 66), so hatte sich Artemis persönlich am Bau ihres Tempels in Ephesos beteiligt, wie uns ebenfalls Plinius berichtet:

Zur echten Bewunderung griechischer Großartigkeit besteht der Tempel der Diana [Artemis] von Ephesos, der innerhalb von 120 Jahren von ganz [Klein-]Asien gebaut wurde. Man errichtete ihn auf sumpfigem Grund, damit er keine Erdbeben spüren oder Erdrisse befürchten müsse. Damit man aber die

Fundamente einer so großen Baumasse nicht auf schlüpfrigen und unstabilen Grund stellen mußte, unterlegte man sie mit festgestampfter Kohle und dann mit Woll-Vliesen.

Der gesamte Tempel ist 425 Fuß lang und 225 breit. Im Auftrag jeweils verschiedener Könige sind seine 127 Säulen mit 60 Fuß Höhe errichtet; 36 davon sind mit Bildhauer-Arbeit verziert, eine von Skopas.

Der Arbeit stand der Architekt Chersiphron vor. Das größte Wunder bei ihr ist, daß man [steinerne] Querbalken von solcher Masse überhaupt auf die Säulen zu heben vermochte. Jener erreichte dies mit sandgefüllten Binsenkörben, die er in einer sanften Steigung über die Enden der Säulen hinaus aufschichtete, [dann über diese Rampen den jeweiligen Querbalken hinaufzog,] nach und nach die unten liegenden Körbe entleerte, so daß das Werkstück allmählich an seinen Platz gelangte. Am schwierigsten war dies bei der Oberschwelle selbst, die er über dem Tor anbringen wollte; diese hatte nämlich das größte Gewicht und ließ sich nicht in ihr Lager absenken. Der Künstler sah schon im Selbstmord den einzigen Ausweg. Man berichtet, er sei beim Nachdenken darüber ermüdet und habe nachts im Schlaf die Göttin geschaut, für die der Tempel errichtet wurde; sie habe ihm befohlen, [weiter] zu leben, sie selbst habe den Stein eingefügt. Und als es später hell wurde, war dies tatsächlich zu sehen.

An dem Tempelbau, an dessen Finanzierung sich in der Mitte des 6. Jahrhunderts v. Chr. König Kroisos (Croesus) mit seinem legendären Reichtum beteiligt hatte (Fragmente von dreien seiner Stifter-Inschriften sind erhalten), hatte schließlich also sogar die Göttin selbst tatkräftig mitgewirkt – wohl der Traum aller Architekten! Der nüchterne Plinius kann freilich nicht umhin, diesen Traum gleich zu zerstören, indem er hinzufügt: „Durch sein Eigengewicht scheint sich der Stein eingerichtet zu haben."

Gerade diese Nüchternheit von Plinius' Angaben macht aber wahrscheinlich, daß seine Angaben über die lange Bauzeit (fertiggestellt war der Tempel tatsächlich erst um 460

v. Chr.), über die Größe des Tempels (dessen Länge und Breite fast doppelt so groß waren wie die des Zeus-Tempels von Olympia) und über die Zahl der Säulen zutreffen – auch wenn man sich 127 Säulen bei einem griechischen Tempel kaum vorstellen kann (den Zeus-Tempel von Olympia umstellten weniger als ein Drittel dieser Zahl).

Dach und Tore des Tempels bestanden aus edlen Hölzern. Genau dies aber sollte ihm zum Verhängnis werden, als ihn im Jahr 356 v. Chr. ein Großbrand völlig zerstörte, wie unter anderem Valerius Maximus berichtet. Dessen in den ersten Jahrzehnten n.Chr. entstandene Sammlung „denkwürdiger Taten und Worte" stellt Beispiele aus Mythos und Geschichte zur Nutzung durch Redner zusammen; in der Rubrik ‚Ruhmsucht' bietet er folgendes Exempel:

Man fand einen Mann, der tatsächlich den Tempel der ephesischen Diana [Artemis] in Brand hatte stecken wollen, damit sich, wenn dieses wunderschöne Bauwerk zerstört wäre, sein Name über den ganzen Erdkreis verbreite; unter Folter gab er jedenfalls diesen Wahnsinn zu.

Die Bewohner von Ephesos faßten daraufhin weise einen Beschluß, daß die Erinnerung an diesen abscheulichen Mann getilgt werden solle.

Der Name des Brandstifters sollte also nicht genannt werden – und ist doch bekannt geworden, weil ein Autor überliefert hat, welchen Namen man denn nicht nennen dürfe: den des Herostratos. Nach seiner Tat bezeichnet man noch heute ein aus Geltungssucht begangenes Verbrechen als ‚herostratische Tat'.

Der neue Tempel und der Besuch des Paulus

Der alte Tempel war also zerstört – einer antiken Legende zufolge brannte er genau in der Nacht, in der Alexander der Große auf die Welt kam. Doch nicht nur der Name des Brandstifters sollte ausgelöscht werden, vor allem wollte man die Katastrophe ungeschehen machen. So errichtete man weitgehend nach dem alten Plan, aber noch prächtiger einen neuen Tempel und stellte zugleich sicher, daß er auf einem soliden Fundament zu stehen kam: den planierten Ruinen des Vorgängerbaus. Weiter Strabon:

Nachdem ein gewisser Herostratos den Tempel in Schutt und Asche gelegt hatte, errichteten die Ephesier einen anderen, besseren; dazu trugen sie den Schmuck der Frauen und ihr eigenes Vermögen zusammen und verkauften auch die alten Säulen [des Vorgängerbaus]. Belege dafür sind die damals gefaßten Volksbeschlüsse. ...

Und als Alexander [der Große] den Ephesiern versprach, die bereits aufgewendeten Beträge und die noch bevorstehenden Kosten zu übernehmen, wenn dafür sein Name [wie einst der des Kroisos] in der Bau-Inschrift genannt werde, lehnten sie dies ab ... Einer von ihnen sagte dem König, es gehöre sich doch nicht, daß ein Gott den Göttern Tempel baue.

Aus eigener finanzieller Kraft also wollten die Ephesier den Wiederaufbau finanzieren, was ihnen auch gelang. Dieser Bau des späten 4. Jahrhunderts hat bis in die römische Kaiserzeit Eindruck gemacht. So viele Menschen besuchten ihn, daß bald so mancher von der Souvenir-Herstellung leben konnte. Mit gerade diesen Leuten geriet im 1. Jahrhundert n.Chr. der Apostel Paulus wegen seines Eintretens für den ‚Neuen Weg', nämlich seiner christlichen Missionstätigkeit, in eine Auseinandersetzung:

Es erhob sich aber um diese Zeit eine nicht geringe Unruhe über den Neuen Weg, denn einer mit Namen Demetrios, ein Goldschmied, machte silberne [Modelle des] Tempel[s] der Artemis und verschaffte denen vom Handwerk nicht geringen Gewinn.

Diese und die Zuarbeiter dieses Handwerks versammelte er und sprach: „Liebe Männer, ihr wißt, daß wir großen Gewinn von diesem Gewerbe haben, und ihr seht und hört, daß nicht allein in Ephesos, sondern auch fast in der ganzen Provinz [Klein-]Asien dieser Paulus viel Volk abspenstig macht, über-

redet und spricht: ‚Was mit Händen gemacht ist, das sind keine Götter.' Aber es droht nicht nur unser Gewerbe in Verruf zu geraten, sondern auch der Tempel der großen Göttin Artemis wird für nichts geachtet werden, und zudem wird ihre göttliche Majestät untergehen, der doch die ganze Provinz [Klein-]Asien und der Erdkreis Verehrung erweist.

Als sie das hörten, wurden sie von Zorn erfüllt und schrieen: „Groß ist die Artemis der Ephesier!"

Erst einem hohen städtischen Beamten gelang es schließlich, die Wogen zu glätten, und Paulus zog weiter in Richtung Griechenland.

Tempel-Modelle des Demetrios und der anderen Handwerker sind nicht erhalten, doch zeugen (wie bei der Statue des Zeus von Olympia) schematisierte Münzbilder von der Pracht des Baus, der nach dem Reiseschriftsteller Pausanias „alles übertrifft, was Menschen gebaut haben" (jedenfalls in dem von Pausanias beschriebenen Griechenland).

Trotz seines so festgefügten Fundaments war dem Tempel schließlich keine Dauer beschieden: Nach den Plünderungen der Gotenzeit im 4. Jahrhundert n. Chr. und späteren Zerstörungen wurden die Steine des Tempels (wie die Ziegel der Mauern von Babylon) für andere Bauten wiederverwendet und manches Werkstück aus Marmor zu Kalk gebrannt. Das sumpfige Gelände schluckte allmählich auch die letzten Zeugnisse dieses Weltwunders, von dem sogar die Lage in Vergessenheit geriet und erst im 19. Jahrhundert nach jahrelangem Suchen wiederentdeckt wurde; die Ausgrabungen sind bis heute nicht abgeschlossen.

Der Artemis-Tempel als Weltwunder

Doch in der Vorstellungswelt lebte der Tempel auch nach seiner Zerstörung nicht zuletzt als Weltwunder immer weiter (ja, die Weltwunder-Eigenschaft war später für die Archäologen ein Grund dafür, überhaupt nach ihm zu suchen). Ihn nennt schon die älteste, nur teilweise erhaltene Weltwunder-Liste der *Laterculi Alexandrini,* und ihn feiert auch die älteste ganz erhaltene Liste des Antipatros von Sidon, und zwar sogar als größtes Wunder, das „alles andere verblassen" lasse (s. jeweils Kapitel 1).

In einem anderen Epigramm-Gedicht wendet sich derselbe Antipatros an Artemis selbst. Deren Namen zu nennen scheut er sich zwar und bezieht sich statt dessen auf ihren mythischen Sieg über den Unhold Tityos; doch den Wunsch, nicht bei den anderen Göttern auf dem Olymp(os), sondern in Ephesos, der von Androklos gegründeten und zur „Ernährerin" der Göttin gewordenen Stadt in Ionien, zu wohnen, schreibt Antipatros der Göttin selbst zu:

Wer versetzte den Parthenon, der am Gewölbe des Himmels
ehemals aufgebaut war, von dem Olympos herab
bis in die Stadt des Androklos, die Herrin der rührigen Ioner,
Ephesos, die in der Schlacht wie in der Musenkunst glänzt?
Du, die du Tityos tödlich trafest, du zogst dem Olympos
deine Ernährerin vor, wähltest die Wohnstatt bei ihr!

Ähnlich äußert sich später Philon von Byzanz in seinem *Reiseführer zu den Sieben Weltwundern:*

Der Tempel der Artemis in Ephesos ist das einzige Götterhaus [unter den Weltwundern]. Wer ihn betrachtet, wird überzeugt sein, daß der Ort vertauscht ist und der himmlische Schmuck der Unsterblichkeit auf die Erde geleitet worden ist.

Auch die Giganten oder die Aloaden [Gigantensöhne], die den Himmel stürmen wollten, suchten Berge auftürmend doch nicht den Tempel, sondern [nur] den Olymp zu erreichen. Kühner als deren Plan ist somit diese Arbeit, kühner als die Arbeit aber die Kunst.

Der Künstler nämlich lockerte das darunter liegende Erdreich und führte so die Ausschachtungen in unermeßliche Tiefen hinab; dort setzte er dann das Fundament aus behauenem Stein, wobei er ganze Steinbrüche in den Bergen für das unter der Erde Verborgene seiner Werke aufbrauchte. So festigte er

Abbildung 6: Maarten van Heemskerck,
Der Tempel der Artemis von Ephesos (1572)

den unerschütterlichen Halt, stellte dann zunächst den Atlas [eine Stütze] auf, um die schweren nächsten Bauteile abzustützen, und setzte sodann zunächst von außen einen Sockel mit zehn Stufen, den er als nur oben sichtbare Basis errichtete, und um

Mitten im Satz bricht hier der überlieferte Text von Philons Werk ab; ob er vor allem das Fundament des bereits verfallenden Tempels beschrieb, läßt sich daher nicht sagen. Tatsächlich ging jedenfalls mit dem Verfall des Tempels auch das Wissen um seine Gestalt verloren: Eine mittelalterliche Weltwunder-Liste (s. u. S. 106) beschreibt ihn als eine umgekehrte, auf ihrer Spitze stehende Pyramide: Über dem Fundament ruhten demnach auf 4 Bögen 8, auf 8 Bögen 16, auf 16 dann 32 und auf 32 gar 64 Bögen!

Und als Maarten van Heemskerck sich 1572 ein Bild von *Dianae Ephesiae Templum,* dem Tempel der Artemis von Ephesos machte (Abbildung 6), zeigte er den heidnischen Tempel einfach in der Gestalt einer zeitgenössischen christlichen Kirche.

7. Das Mausoleum von Halikarnaß

Ein Grabmal zu Lebzeiten

In Halikarnaß, der Hauptstadt der Landschaft Karien an der kleinasiatischen Westküste – und dem Geburtsort des in unserem Buch bereits mehrfach zitierten Herodot –, regierte seit 377 v. Chr. – zwei Generationen nach Herodots Tod – Maus(s)olos als Verwalter der persischen Macht. Deren Verfall ermöglichte ihm jedoch eine zunehmend selbständige Herrschaft, ja erlaubte ihm schließlich, sich als König bezeichnen zu lassen.

Als Gattin und Königin stand ihm seine älteste Schwester zur Seite, Artemisia; sie übernahm nach Mausolos' Tod 353 v. Chr. selbst die Herrschaft. Für eine solche Ehe königlicher Geschwister gab es im persischen Königshaus, aber auch bei den Pharaonen von Ägypten Vorbilder. Vielleicht ebenfalls mit Blick auf Ägypten und die riesigen Königsgräber der Pyramiden dort (s. Kapitel 1) suchte Mausolos bereits zu seinen Lebzeiten für sich ein riesiges Grab zu planen, von dem alle Welt sprechen würde.

In einer geradezu modern anmutenden Weise ermöglichte er es den von ihm beauftragten Architekten, für die Gestaltung der ‚Kunst am Bau' dieses Monuments eine Art ‚geschlossenen Wettbewerb' unter den wichtigsten zeitgenössischen Künstlern auszuschreiben – so jedenfalls berichtet (nicht ohne einen gewissen Kollegen-Neid) der römische Architekt Vitruvius:

Das Glück hat diesen Architekten die größte und höchste Gnade erwiesen, denn Künstler, über deren Werke man urteilt, daß sie in alle Ewigkeit herrlichsten und immerwährend frischen Ruhm haben, leisteten ihnen bei der Ausführung ihres Entwurfs hervorragende Dienste: An jeder Außenseite [des Mausoleums] übernahm ein anderer Künstler im Wettstreit die Aufgabe, sie auszuschmücken und beifallswert erscheinen zu lassen: Leochares, Bryaxis, Skopas, Praxiteles bzw. – wie einige meinen – Timotheos. Die ganz herausragend hohe Qualität ihrer Kunst erzwang geradezu, daß der Ruhm dieser Arbeit sie in die Sieben Weltwunder einreihte.

Ähnliches berichtet Plinius, der zugleich die ausführlichste Beschreibung des Bauwerks selbst bietet:

Skopas hatte zu seiner Zeit drei Konkurrenten: Bryaxis, Timotheos und Leochares. Sie sollen hier zusammen besprochen werden, weil sie gemeinsam das Mausoleum mit Bildhauer-Arbeiten verziert haben. Dies ist ein Grabmal, das dem Mausolos, einem Kleinkönig Kariens, der im zweiten Jahr der 107. Olympiade starb, von seiner Gattin Artemisia errichtet wurde. Daß dieses Werk zu den Sieben Weltwundern zählt, haben vor allem diese Künstler bewirkt.

Von Süden nach Norden ist es 63 Fuß lang, an den Außenseiten kürzer, mit einem Gesamtumfang von 440 Fuß. Es erhebt sich zu einer Höhe von 25 Ellen und wird von 36 Säulen umringt. Diesen Säulengang nannten die Griechen „Pteron". Die östliche Seite versah Skopas, die nördliche Bryaxis, die südliche Timotheos und die westliche Leochares mit Bildhauer-Arbeiten, doch bevor sie noch fertig waren, starb [auch] die Königin. Dennoch hörten sie nicht auf, bevor das Werk vollendet war, weil sie es bereits als Denkmal ihres eigenen Ruhmes und der Kunst betrachteten – und noch heute streitet man, welcher Meisterhand der Vorrang zukommt.

Noch ein fünfter Künstler trat hinzu, denn über dem „Pteron" erhebt sich eine dem unteren Teil an Höhe gleichkommende Pyramide, die sich auf 24 Stufen nach oben zu einer Spitzsäule verjüngt. Ganz oben darauf steht eine marmorne Quadriga, die Pythis geschaffen hat. Zusammen mit dieser beträgt die Höhe des gesamten Bauwerks 140 Fuß.

Diese Beschreibung des Mausoleums ist offenbar nicht ohne Fehler überliefert: Ein Umfang von 440 Fuß (mehr als 130 m) kann sich nicht aus zwei Seiten à 63 Fuß und zwei kürzeren ergeben, und die Höhe von 25 Ellen für das „Pteron" und nochmals soviel für die Stufenpyramide ergibt 50 Ellen, also

75 Fuß – nur gut die Hälfte der angegebenen Gesamthöhe; die Quadriga wäre demnach 65 Fuß, also fast 20 m hoch gewesen! (Zum Vergleich: Die Quadriga auf dem Brandenburger Tor in Berlin ist ‚nur' etwa 5 m hoch.) Zwar sind die Steine auch dieses Weltwunders später verschleppt und für andere Bauten – so ein großes, um 1500 ausgebautes Kreuzritter-Fort der Johanniter – wiederverwendet worden, doch haben archäologische Untersuchungen wahrscheinlich gemacht, daß das Mausoleum etwa 33 m auf 27 m maß. Dies bestätigt am ehesten Plinius' Angabe für den Gesamtumfang, und auch die von ihm genannte Gesamthöhe von über 40 m mag zutreffen; die unterschiedlichen Rekonstruktionsvorschläge bleiben jedoch umstritten.

Auch Plinius' Angabe zum Todesjahr des Mausolos ist falsch: Die 107. Olympiade begann mit den 107. Olympischen Spielen im Jahr 352 v. Chr. (s. Kapitel 5), Plinius datiert Mausolos' Tod also auf das Jahr 351 v. Chr. Tatsächlich war Mausolos zu jenem Zeitpunkt bereits zwei Jahre tot; in jenem Jahr starb vielmehr seine Schwestergemahlin Artemisia, die die Jahre nach Mausolos' Tod dazu genutzt hatte, die Arbeiten an dem Grabmal vorantreiben zu lassen – ein Liebesbeweis, den nicht nur der große römische Politiker und Philosoph Cicero hoch bewertet hat.

Das Mausoleum als ‚Ur-Mausoleum' und als Weltwunder

Der griechische Reiseschriftsteller Pausanias beschränkt sich in seinem im 2. Jahrhundert n. Chr., also in der römischen Kaiserzeit entstandenen Werk auf Griechenland, doch weist er in einem Exkurs über berühmte Grabbauten einmal auf den hier behandelten hin:

Das Grab in Halikarnaß ist für Mausolos, den König der Halikarnassier gebaut, und es ist so groß und in seiner Ausstattung so wunderbar, daß sogar die Römer es enorm bewundern und die berühmten Grabmäler bei sich selbst „Mausoleen" nennen.

Daran hat sich bis heute nichts geändert: Unser Begriff ‚Mausoleum' für einen prächtigen Grabbau führt sich direkt auf den des Mausolos zurück.

Als Weltwunder erscheint jenes Grabmal bereits in der ältesten erhaltenen Weltwunder-Liste, den *Laterculi Alexandrini*, und überhaupt in den meisten der antiken Listen; auch Philon von Byzanz kündigt in seiner Einleitung eine Behandlung dieses Weltwunders an (die jedoch nicht erhalten ist), und nicht wenige Autoren erwähnen überhaupt nur das Mausoleum als Weltwunder (s. jeweils Kapitel 1).

So ist es geradezu wohltuend, die Kritik eines antiken Spötters zu lesen: In seinen *Totengesprächen* läßt Lukian(os) von Samosata, ein griechischer Autor des 2. Jahrhundert n. Chr., in der Unterwelt den Philosophen Diogenes aus Sinope auf Mausolos treffen und folgendes Gespräch beginnen:

(Diogenes:) Höre, du Karer, worauf bildest du dir soviel ein, daß du den Vorrang vor uns allen beanspruchst?

(Mausolos:) Erstens, du Mann aus Sinope, auf meine Herrschaft: Ich war König von ganz Karien und Herr über verschiedene Teile von Lydien, unterwarf manche Inseln und marschierte bis nach Milet, wobei ich einen Großteil Ioniens unterwarf. Dann war ich schön, groß von Gestalt und für die Kriegführung kraftvoll. Am wichtigsten aber ist, daß ich in Halikarnaß ein ganz großes Grabmal auf mir liegen habe – ein so großes hat sonst kein Toter und auch kein so schön geschmücktes, mit Statuen von Pferden und Menschen, die den Vorbildern aufs genaueste gleichen, wie man sie nicht einmal leicht in einem Tempel finden kann. Scheine ich dir also nicht mir Recht darauf stolz zu sein?

(Diogenes:) Also auf deine Herrschaft, deine Schönheit und das Gewicht deines Grabmals?

(Mausolos:) Beim Zeus, genau darauf!

(Diogenes:) Aber, schönster Mausolos, weder diese deine Kraft noch deine Gestalt ist mehr da. Wenn ich dir den Vorzug deiner Schöngestalt streitig machen wollte, würdest du dem Richter keinen Grund angeben können, warum dein

Abbildung 7: Maarten van Heemskerck,
Das Mausoleum von Halikarnaß (1572)

Schädel schöner als der meinige sein sollte: Beide sind kahl und bloß, beide blecken wir in gleicher Art unsere Zähne, beide haben wir keine Augen mehr und eingedrückte Nasen. Dein Grab aber und all jene kostbaren Steine mögen den Leuten von Halikarnaß ja vielleicht dazu nützlich sein, sie vorzuzeigen und vor den Fremden damit anzugeben, was für ein großes Bauwerk sie da haben. Wie aber du, mein Bester, davon etwas hast, sehe ich nicht; mußt du nicht zugeben, daß du eine größere Last trägst als wir, der du einen so riesigen Steinhaufen auf dir liegen hast?

Zeugnisse übergroßer Liebe

Der Bau oder zumindest die Fertigstellung des von Mausolos geplanten „Steinhaufens“ war nicht der einzige Liebesbeweis, den Artemisia ihrem Bruder und Gatten nach seinem Tod bezeugte und über den die antiken Autoren sprechen. Hören wir noch einmal Valerius Maximus, der in seinem Handbuch für Redner (s. o. S. 72) folgendes Exempel treuer Gattenliebe bietet:

Wie sehr Artemisia, die Königin der Karier, ihren verstorbenen Gatten Mausolos vermißte, läßt sich leicht zeigen, wenn man an die außergewöhnlichen Ehrenbezeugungen aller Art und die Pracht des Denkmals denkt, das dann zu den Sieben Weltwundern gerechnet wurde.

Wieso aber sollte man die Ehrungen aufzählen oder von jenem berühmten Grabmal reden, wenn Artemisia selbst ein lebendig atmendes Grab des Mausolos werden wollte? So jedenfalls bezeugen es die Autoren, die angeben, daß sie die verbrannten Knochen des Toten in eine Flüssigkeit streute und trank.

Noch Maarten van Heemskerck stellte auf dem Bild, das er sich 1572 vom *Mausolaeum* machte (Abbildung 7), auch die Szene dar, wie Artemisia sich das Trinkgefäß mit der Asche ihres Geliebten reichen läßt.

8. Der Koloß des Helios von Rhodos

Gute Geschäfte

Die Stadt der Rhodier liegt auf der östlichen Landspitze [der gleichnamigen Insel]. Durch Häfen, Straßen, Mauern und weitere Ausstattungsmerkmale zeichnet sie sich vor allen so sehr aus, daß wir keine andere Stadt nennen können, die ihr gleicht, geschweige denn ihr überlegen ist. Bewunderungswürdig ist auch ihre gute Gesetzgebung und die Sorgfalt, mit der das Gemeinwesen und insbesondere die Flotten-Angelegenheiten gepflegt werden; daher behauptete die Stadt lange die See-Herrschaft, vernichtete die Piraten und war mit den Römern befreundet, ebenso mit den Königen, die ihrerseits Freunde der Römer und Griechen waren. Bei all diesen Vorzügen blieb sie stets unabhängig und wurde mit vielen Weihegaben geschmückt.

So stellt der griechische Gelehrte Strabon in seiner Geographie die Stadt Rhodos vor. Tatsächlich war die 408 v. Chr. gegründete, rasch reich gewordene Handelsmetropole Rhodos zwar stets auf ihre Unabhängigkeit bedacht gewesen, doch nicht immer mit Erfolg. So hatte sie nach 356 v. Chr. eine Zeitlang eine Garnison des Mausolos aufnehmen müssen, gehörte also zu den Inseln, von denen jener in dem in Kapitel 7 zitierten, von Lukian erfundenen Gespräch prahlte, er habe sie erobert. Auch hatte sich die Stadt 332 v. Chr. auf die Seite der Gegner Alexanders des Großen gestellt, was nach den Erfolgen jenes Königs wiederum die erzwungene Aufnahme einer Garnison zur Folge hatte, diesmal von Alexander. Doch bald schloß sich Rhodos dem großen Eroberer bereitwillig an, und nach seinem Tod gelang es Rhodos sogar, einige Jahre lang tatsächlich unabhängig zu sein.

Bald aber verbanden die Stadt besonders enge Handelsbeziehungen mit dem Reich des Ptolemaios I., der Alexanders Herrschaft in Ägypten übernommen hatte. Dies brachte Rhodos nun die Feindschaft eines anderen Nachfolgers Alexanders ein: Antigonos I., genannt *Monophthalmos* (der ‚Einäugige'), beauftragte 305 v. Chr. seinen Sohn Demetrios mit der Belagerung der Stadt. Trotz eines gewaltigen Einsatzes von Menschen, Schiffen und Belagerungsmaschinen (und trotz seines Beinamens *Poliorketes,* der ‚Städtebelagerer') gelang es Demetrios nicht, Rhodos einzunehmen; im Jahr 304 v. Chr. zog er ab.

Die Rhodier hatten für diesen Fall ihrem Schutzgott Helios einen *kolossos*, also eine Statue (mehr bedeutete das Wort im dorischen Dialekt von Rhodos nicht) als Weihgeschenk versprochen. Geschäftstüchtig, wie sie waren, verkauften sie nun die von Demetrios zurückgelassenen Belagerungsmaschinen und beauftragten nicht den berühmten Bildhauer Lysippos, sondern seinen (zweifellos ‚preisgünstigeren') Schüler Chares von Lindos mit der Schaffung des Standbildes. Über das weitere Vorgehen berichtet der griechische Philosoph Sextus Empiricus in einer im 2. Jahrhundert n. Chr. entstandenen Schrift in einem Gleichnis:

Die Rhodier also fragten Chares, wieviel Geld sie für die Erstellung des Kolosses würden aufwenden müssen. Als sie dies in Erfahrung gebracht hatten, fragten sie erneut, wieviel es wäre, wenn sie ihn mit einer doppelt so großen Statue beauftragten; er forderte dafür das doppelte, und sie wurden handelseinig. Da er aber diesen Betrag bereits für die Anfangsarbeiten und die Entwürfe ausgeben mußte, brachte er sich um. Nach seinem Tod wurden sich die Handwerker bewußt, daß man [für eine doppelt so große Statue] nicht das doppelte, sondern eher das achtfache hätte fordern müssen, da nicht nur die Höhe, sondern alle Dimensionen des Werkstücks vergrößert werden mußten.

Die Rhodier freilich hatten einen Vertrag geschlossen, und tatsächlich wurde der *kolossos* von den Handwerkern vollendet und vielleicht mit folgendem Gedicht als Weihinschrift der (sich auf den Halbgott Herakles zurückführenden) Rhodier versehen, das – wie die Gedichte des Antipatros von Sidon (s. Kapitel 1 und 6) – in der *Anthologia Palatina* überliefert ist:

Bis zum Olympos türmten die dorischen Rhodier dieses
riesige Bildnis aus Erz, dir zu gebührendem Ruhm,
Helios, als sie die Flut des Krieges eingedämmt hatten,
siegreich ihr Heimatland mit prächtiger Beute geschmückt.
Sie erbauten das glänzende Prunkstück vollgültiger Freiheit
über dem Meer nicht allein, auch auf dem sicheren Land.
Sollen die Männer doch, die vom Geschlecht des Herakles stammen,
herrschen, den Vorfahren treu, über das Land und das Meer.

In poetischen Worten beschreibt der Dichter also, daß man das „glänzende Prunkstück“ nicht nur vom Land, sondern sogar vom Meer aus sehen konnte.

Das Standbild und sein Sturz

Über das Aussehen dieses Prunkstücks berichtet Strabon im Anschluß an das eingangs Zitierte:

Am besten [von allen Weihegaben] ist der Koloß des Helios, von dem ein Iamben-Dichter sagt:
Siebenmal zehn Ellen hoch
hat's Chares von Lindos gemacht.
Jetzt aber liegt er da, durch ein Erdbeben umgeworfen und an den Knien abgebrochen; aufgestellt hat man ihn nicht wieder wegen eines Orakelspruches. Dieses also ist unter den Weihgeschenken das trefflichste und ist daher auch als eines der Sieben Weltwunder anerkannt.

Das Standbild war also einst 70 Ellen, über 30 m hoch und damit tatsächlich mehr als doppelt so groß wie die Statue des Zeus von Olympia (s. Kapitel 5); wohl deswegen bekam das alte Wort *kolossos* zunehmend die Bedeutung ‚Riesenstatue‘ und lebt so auch in unserem Wortschatz (‚kolossal‘) weiter.

Im Jahr 226 v. Chr. wurde Rhodos von einem Erdbeben getroffen, bei dem – wie der griechische, in Rom wirkende Historiker Polybios berichtet – „der große Koloß und der größte

Teil der Mauern und Docks einstürzten". In späten Anmerkungen zu einem Werk Platons wird weiter berichtet:

Der Koloß von Rhodos stürzte um und zertrümmerte viele Häuser. Doch als ein König sich bereit erklärte, ihn wieder aufrichten zu lassen, sagten die Rhodier aus Furcht vor einem erneuten Sturz: „Was gut liegt, soll man nicht bewegen."

Der König – man hat an einen Nachfolger Ptolemaios' I. gedacht – hatte also mit seinem großzügigen Angebot ebensowenig Erfolg wie einst Alexander der Große beim Tempel der Artemis von Ephesos (s. Kapitel 6). Zur Begründung ihrer Ablehnung zitierten die Rhodier einen Spruch, den zumindest Strabon auf ein Orakel zurückführt und der jedenfalls später zum Sprichwort wurde.

Über den Sturz dieses Kolosses und seine auch im Liegen immer noch eindrucksvollen Reste berichtet im 1. Jahrhundert n. Chr. ausführlicher Plinius:

Mehr als alles bewundert war der Koloß des Sol [Helios] in Rhodos, den Chares aus Lindos angefertigt hatte, ein Schüler des oben genannten Lysippos. Dieses Bildwerk war 70 Ellen hoch.

Es wurde nach 66 Jahren durch ein Erdbeben umgestürzt, doch auch liegend erregt es noch Staunen. Nur wenige können seinen Daumen umfassen, seine Finger sind größer als die meisten Standbilder. Weite Höhlungen klaffen in den zerbrochenen Gliedern; innen sieht man große Steinmassen, durch deren Gewicht man die Statue beim Aufstellen stabilisiert hatte.

Die Arbeit soll zwölf Jahre benötigt und 300 Talente gekostet haben; diesen Betrag hatte man durch den Verkauf des Kriegsmaterials des Königs Demetrios gewonnen, das jener aus Überdruß an der langen Belagerung von Rhodos zurückgelassen hatte.

Die Statue war nach dem Ende der Belagerung von Rhodos 304 v. Chr. in Auftrag gegeben worden, zwölf Jahre später, also 292 v. Chr. vollendet – und bereits 66 Jahre später bei einem Erdbeben umgestürzt.

Dieser frühe Sturz der Statue hatte auch zur Folge, daß man sich ein Bild von der eigentlich nicht für den Blick der Betrachter bestimmten Innen-Konstruktion des Standbildes machen konnte. Mehr darüber glaubte Philon von Byzanz zu wissen:

Rhodos ist eine Insel im Meer; einst war sie in der Tiefe verborgen, dann brachte Helios sie ans Licht, wobei er die so Erschienene sich von den Göttern als Eigentum erbat. Auf ihr stand ein Koloß von 70 Ellen, gestaltet nach Helios: Das Bild des Gottes nämlich ließ sich an seinen Attributen erkennen.

So viel Erz verwendete der Künstler, daß die Erzgruben am Versiegen waren, ja die Anfertigung des Werkes war eine Bronzearbeit der ganzen Welt. Hat nicht deshalb Zeus den Rhodiern gewaltigen Reichtum gegeben, damit sie ihn zur Ehre des Helios aufwenden, indem sie das Bild des Gottes Schicht für Schicht von der Erde in den Himmel hinaufführen?

Dieses also sicherte der Künstler nach innen mit eisernen Rahmen und mit würfelförmigen Steinen, deren Querverklammerungen eine kyklopische Hammerbearbeitung aufweisen. Der verborgene Teil der Arbeit ist großartiger als der sichtbare, und der staunende Betrachter fragt sich, mit wie gearteten Feuerzangen, wie großen Ambossen oder wie viel Arbeitskraft die so schweren Stangen bearbeitet wurden.

Der Künstler legte eine Basis aus weißem Marmor zugrunde und errichtete auf ihr die Füße des Kolosses bis zu den Sprung-Gelenken; dabei beachtete er die Maßverhältnisse, nach denen der Gott 70 Ellen hoch werden sollte: Die Fußsohle auf der Basis übertraf bereits die [Höhe von] anderen Statuen. Daher also war es nicht möglich, das Übrige anzuheben und darauf zu stellen; man mußte vielmehr die Knöchel oben aufgießen und so das ganze Werk wie beim Hausbau darauf errichten. Und während sonst die Künstler Statuen vorweg formen, dann in Glieder zerlegt gießen und schließlich zusammengefügt aufstellen, hat dieser nach dem ersten Guß den zweiten Teil darauf geformt; nach dessen Bearbeitung wurde der dritte auf ihn gebaut. Und danach verfolgte er immer wieder denselben Plan der Ausführung. Es war ja nicht möglich, die Metallglieder zu transportieren. Wenn der Guß auf den zuvor vollendeten Arbeiten geschehen war, sicherte man die Abstände der Verklammerungen und das Gestell des Rahmens und befestigte den Ballast aus eingefüllten Felssteinen; damit während der Ausführung der Plan unerschüttert bewahrt bleibe, schichtete man jeweils rings um die noch unvollendeten Teile des Kolosses eine riesige Menge von Erd-Aushub, womit man das bereits Fertiggestellte unterirdisch verbarg und den Guß der nächsten Stücke gleichsam auf ebener Erde durchführen konnte.

So erreichte der Künstler allmählich den Höhepunkt seiner Hoffnungen, und mit einem Aufwand von 500 Talenten Bronze und 300 Talenten Eisen schuf er den Gott dem Gotte gleich, womit er kühn ein großes Werk errichtet hat: Einen zweiten Helios hat er der Welt geweiht!

Ein Talent Metall entspricht etwa 30 kg; Chares und seine Mitarbeiter haben also Philon zufolge etwa 15 Tonnen Bronze und 9 Tonnen Eisen verbraucht. Noch als 654 n. Chr. die Bronze-Reste des Kolosses als Schrott verkauft wurden (die Rhodier blieben eben geschäftstüchtig), brauchte der Käufer für den Abtransport angeblich 980 Kamele.

Der Koloß über dem Wasser?

Der Koloß, das ‚kurzlebigste' aller Sieben Weltwunder, hat die Phantasie der Menschen vielleicht am meisten beschäftigt. Wie er tatsächlich aussah, läßt sich schwer sagen; Münzbilder, wie sie für die Rekonstruktion der Statue des Zeus von Olympia und auch des Tempels der Artemis von Ephesos herangezogen wurden, geben allenfalls das Haupt der Statue wieder, ermöglichen also keine Rekonstruktion ihres Gesamtaufbaus.

So ist man auf die Texte – die wichtigsten sind bereits zitiert – angewiesen. Diese sprechen nun übereinstimmend von einem 70 Ellen hohen Bronze-Standbild, das ein Weihgeschenk war.

Wenn – wie etwa auf dem Bild des *Colossus Solis* von Maarten van Heemskerck (Abbildung 8) – der Koloß eine Fackel in der Hand hält, die ihm offenbar die Funktion eines Leuchtturms verleiht, so fehlt dafür jeglicher antike Beleg; nicht einmal die Aufstellung direkt am Hafen ist bezeugt: Sie ist bei einem Weihgeschenk ohnehin nicht wahrscheinlich und widerspricht zumal dem oben zitierten Zeugnis, demzufolge der Koloß bei seinem Sturz viele Häuser zertrümmerte.

Ebenso fehlt jeglicher Beleg dafür, daß der Koloß so aufgestellt war, wie dies Heemskerck 1572 darstellt und wie dies 1599 William Shakespeare den Cassius über den Titelhelden seines Dramas *Julius Caesar* sagen läßt:

Ja, er beschreitet, Freund, die enge Welt
wie ein Kolossus, und wir kleinen Leute,
wir wandeln unter seinen Riesenbeinen ...

Mit den technischen Mitteln der Antike wäre eine solche Stellung des riesigen Standbildes schlicht unmöglich gewesen. Und auch ihr widerspricht eine antike Quelle: Philon sagt klar, der Künstler habe nur „eine Basis (Einzahl) aus weißem Marmor“ zugrundegelegt und „auf ihr die Füße (Mehrzahl) des Kolosses“ errichtet.

Erst in der Neuzeit also wurde der Koloß zum spreizbeinig über der Hafeneinfahrt stehenden Leuchtturm. Wahrscheinlich hat ein allzu wörtliches Verständnis des oben zitierten Gedichtes zu dieser – wie ein Blick in die im Anhang genannten Kinder- und Jugendbücher lehrt – bis heute verbreiteten Auffassung geführt: Das poetische Bild vom „glänzenden Prunkstück“ wurde für die Neuzeit zum prosaischen Leuchtturm, seine nicht minder poetisch beschriebene Lage „über dem Meer nicht allein, auch auf dem sicheren Land“ zum spreizbeinigen Koloß.

Der Antike hingegen genügte die schiere Größe des Kolosses – er war mehr als doppelt so groß wie das Weltwunder der Statue des Zeus von Olympia – dafür, den Koloß des Helios von Rhodos als Weltwunder zu erkennen.

Abbildung 8: Maarten van Heemskerck,
Der Koloß des Helios von Rhodos (1572)

9. Heidnische und christliche Weltwunder

Die Weltwunder bei den Kirchenvätern

Die Pyramiden von Ägypten und das Mausoleum von Halikarnaß waren Grabmäler heidnischer Könige, die Mauern und die Hängenden Gärten von Babylon waren ebenfalls Werke eines heidnischen Königs (wenn nicht gar einer Königin). Die Statue des Zeus von Olympia und der Koloß des Helios von Rhodos stellten heidnische Götter dar, und der Tempel der Artemis von Ephesos war einer heidnischen Göttin geweiht – kein Wunder, daß sich die Kirchenväter mit diesen (und auch all den anderen gelegentlich genannten, ebenfalls heidnischen) Weltwundern schwer taten. Wie gingen christliche Autoren mit diesem Problem um?

Der große Kirchenvater Gregorios von Nazianz, der auch mit heidnisch-antikem Bildungsgut vertraut war, begnügte sich in der 2. Hälfte des 4. Jahrhunderts in einem Epigramm mit sehr knappen Anspielungen auf die Weltwunder. Das Gedicht ist – wie das in Kapitel 1 genannte des Antipatros – in der *Anthologia Palatina* überliefert und feiert eine große, von Grabräubern geschändete Grabanlage als achtes Weltwunder:

Sieben Weltwunder gibt es: die Mauer, das Standbild,
die Gärten,
die Pyramiden, zuletzt Tempel, Standbild und Grab.
Ich hier, der riesige Grabhügel, war ganz sicher das achte,
hoch errichtet, hinaus über die Felsen gereckt,
unter den Gräbern als erstes des Ruhmes würdig: Du,
Mörder,
hast es in maßloser Gier ingrimmig wühlend zerstört!

Wie wenig verständlich Gregorios' Angaben später für weniger umfassend gebildete (also eben auch in heidnischer Tradition weniger bewanderte) Christen waren, zeigt sich etwa daran, daß der Kommentator zu diesem Epigramm, der Anfang des 8. Jahrhunderts wirkende Kosmas von Jerusalem, zu manchen der von Gregorios erwähnten Wunder gleich mehrere Gleichsetzungen bietet und zudem noch weitere Wunder aufführt:

Die „Mauer" ist die von Babylon, auf der Wagen fahren können. Manche aber nennen das Kapitol von Rom. Dies ist eine große, von Mauern umgebene Anlage, in der eine Vielzahl von Figuren ist, von denen jede einst ein Abzeichen hatte; und man sagt, es hätten Schellen an deren Händen gehangen. Für jedes Volk gab es eine Figur, die mit der Schelle angezeigt haben soll, wo ein gelegentlicher Aufstand eines Volkes stattfand. Vieles andere Bewundernswerte gibt es in Rom. Andere sagen, daß es in Herakleia ein Bauwerk beim Amphitheater gebe, wo ein sehr schönes und wunderbares Gebäude stehe; ja mehr noch: Wenn jemand an der Spitze irgendeines Winkels der Mauer dem Stein für sich heimlich ein Wort sage, dann höre ein anderswo weit entfernt Stehender das Wort.

Das „Standbild" ist in Kolossai auf der Rhodos genannten [Insel] die bronzene Statue, die übergroß war und die dann die Agarener abrissen, als sie über sie kamen; diese Statue soll achtzig Ellen gemessen haben.

Die „Gärten" sind die des Alkinoos und des Adonis: Alkinoos war der König der Phäaken, gastfreundlich und glänzend mit seinen Häusern, Gärten und Gelagen; Alkinoos' Tafel war besonders reich und luxuriös.

Die „Pyramiden" sind die, die bei uns als Scheunen des Joseph bezeichnet werden, in Ägypten unweit von Babylon.

Der „Tempel" ist der in der Stadt Kyzikos, denn groß war dieser und bewundernswert. Früher war er dem Apollon geweiht, von dem aber geweissagt wurde, daß er später der Maria geweiht sein werde – was jetzt in Namen und Tatsachen zutrifft. Mancher könnte postulieren – wenn er damit nicht etwas allzu Neues meinte –, daß das Gotteshaus von Konstantinopel [die Hagia Sophia] das bei weitem bewundernswürdigste Schaustück ist.

Das andere „Standbild" ist das des Bellerophon in Smyrna, das auf einem Wagen über die Mauer hinaus aufs Meer vorragt; das Pferd Pegasos wird ein wenig hinten am Fuß festgehalten, das oft der sanft schüttelnden Hand folgte, aber wenn es mit Gewalt vorangestoßen wurde, fest und unbeweglich blieb.

Das „Grab" ist das des Mausolos in Karien, über das ich noch ausführlicher sprechen werde.

Viel anderes Neueres gibt es, was die Menschen für bewundernswert halten: Das siebentorige [Theben] in Griechenland, das Amphion und Zethos mit der Kithara erbauten [durch deren Klang sich die Steine von selbst zusammenfügten], das Hunderttorige Theben, der Pharos von Alexandria, der auf vier hölzernen Krebsen stehen soll, wenn's denn wahr ist. Und noch andere neuere als diese gab es in Häusern und Tempeln, Standbildern, Umfassungsmauern, Bädern, Basen und verschiedenem anderen.

Als mögliche Bedeutung von „Mauer" erscheint hier also nicht nur die Mauer von Babylon, sondern auch das zuvor nicht als Weltwunder angesehene Kapitol von Rom mit seinen Statuen, die bei einem Aufstand läuteten (eine mittelalterliche Erfindung) und ein ebenfalls zuvor ungenanntes Bauwerk beim Theater von Herakleia mit einer wundersamen Akustik. Das „Standbild" des Kolosses sucht man nun „in Kolossai", die Pyramiden „in Ägypten unweit Babylon" (womit freilich Kairo gemeint sein kann). Und die „Gärten" werden nicht mit den Hängenden Gärten von Babylon identifiziert, sondern unter anderem mit dem Garten des Phäaken-Königs Alkinoos, den nach der Schilderung Homers Odysseus auf seinen Irrfahrten aufgesucht hatte (s. Kapitel 4). Die „Pyramiden" werden als „Scheunen des Joseph" gedeutet, in denen einer mittelalterlichen Tradition zufolge der biblische Joseph in den sieben fetten Jahren Getreide für die sieben mageren Jahre gesammelt hatte (s. Kapitel 2). Der „Tempel" von Kyzikos (nicht Ephesos!) gilt dem Autor einfach als ein – nach einer uralten Weissagung – christianisiertes Gotteshaus oder aber gleich als die große Kirche der Hagia Sophia in Konstantinopel (Byzanz). Aus dem „Standbild" des Zeus von Olympia ist eines des Drachentöters Bellerophon geworden, der wohl nur deshalb nicht als zu heidnisch angesehen wurde, weil er den christlichen Autoren als ‚Prototyp' des Heiligen Georg galt. Der christliche Kommentator Kosmas von Jerusalem sucht also immer wieder nach Deutungen der Angaben des Gregorios, die den Skandal einer Hervorhebung heidnischer Statuen oder gar Tempel im christlichen Kontext vermeiden. Am Pharos von Alexandria (s. Kapitel 1), von dem nach mehreren Erdbeben seinerzeit nurmehr Ruinen standen, ist vor allem bemerkenswert, daß er auf vier hölzernen Krebsen steht, „wenn's denn wahr ist".

Weniger phantasievoll geht der sogenannte *Lemmatista Palatini* vor, der anonyme Verfasser von Anmerkungen der Heidelberger Handschrift der *Anthologia Palatina;* doch ist auch dieser Kommentator nicht hinreichend informiert, wenn er die Hängenden Gärten nicht in Babylon, sondern in Kolossai sucht.

Gregorios von Nazianz selbst nimmt auf die Sieben Weltwunder noch ein zweites Mal Bezug: in der Gedenkrede auf seinen Freund Basileios den Großen, in der er dessen Stiftung eines Hospitals namens ‚Neue Stadt' feiert:

Etwas Schönes ist die Menschenfreundlichkeit, die Unterstützung der Armen und die Hilfe für die menschliche Schwachheit. Geh' einmal ein wenig aus der Stadt hinaus und sieh' die Neue Stadt an, diesen Schatz der Frömmigkeit, dieses gemeinsame Schatzhaus der Besitzenden, in das sie durch Basileios' Ermunterung ihren überflüssigen Reichtum, ja sogar das Notwendige abgeben und so den Motten entziehen, den Dieben vorenthalten und dem Kampf mit dem Neid und dem Zahn der Zeit entreißen. Dort wird die Krankheit mit Weisheit ertragen, das Unglück zum Glück und das Mitleid erforscht.

Was sind mir im Vergleich zu diesem Werk das Siebentorige Theben und das ägyptische, die babylonischen Mauern, das

Karische Grab des Mausolos, die Pyramiden, die riesige Bronzefigur des Kolosses und die Größe von Tempeln, die Schönheit von Vergangenem und was sonst noch die Menschen bewundern und den Geschichtsbüchern übergeben, von dem seine Erbauer keinen Nutzen außer ein bißchen Ruhm hatten?

Für mich ist dies das größte Wunder, der direkte Weg zum Heil, der leichte Aufstieg in den Himmel. Liegt nicht schon vor unseren Augen ein gewaltiges und mitleiderregendes Schaustück, Menschen, die vor ihrem Ableben tot und an den meisten Körpergliedern gestorben sind, vertrieben aus den Städten, Häusern, Märkten, Brunnen, die ihnen die liebsten waren, und eher an ihrem Namen als an ihrer Gestalt zu erkennen? ... Am meisten von allen brachte uns Basileios dazu, als Menschen die Menschen nicht zu verachten und Christus nicht zu entehren, das eine Haupt von Allem, durch Unmenschlichkeit gegen jene.

Auch diese Aufzählung der Weltwunder bei Gregorios war nicht jedem verständlich, schon weil sie mit dem Hunderttorigen Theben von Ägypten ein bisher nur von Plinius (s. Kapitel 1) genanntes Weltwunder anführt, mit dem Siebentorigen Theben von Griechenland sogar ein zuvor überhaupt noch nicht erwähntes, und weil sie nichts über die heidnischen Gottheiten sagt, auf die sich „die riesige Bronzefigur des Kolosses“ und „die Größe von Tempeln“ beziehen.

Letztere deuteten byzantinische Gelehrte, die Erläuterungen zu jener Stelle verfaßten, wohl zu Recht auf den Tempel der Artemis von Ephesos: So der Verfasser des unter dem Namen des Nonnos überlieferten Kommentars, der aus der 1.Hälfte des 6. Jahrhunderts stammt, und so auch die etwa ebenso alten anonymen *Scholia Alexandrina*, „alexandrinischen Erläuterungen“, die angesichts von Gregorios' vagen Angaben gleichsam sicherheitshalber zwei Zusammenstellungen zum Thema Weltwunder bieten:

Scholion über die Sieben Weltwunder

1. *In Ephesos der Tempel der Artemis.*
2. *In Elis am Alpheios[-Fluß] der hammergetriebene goldene Zeus, 16-ellig, dem die ungläubigen Eleier die Ferse durchbohrten.*
3. *In Babylon die Mauern, die Semiramis errichtete aus gebranntem Ziegel und Asphalt, im Umfang 400 Stadien, wobei die Breite der Mauer 80 Ellen beträgt.*
4. *In Ägypten die Pyramiden, von denen die größte 400 Ellen hoch ist.*
5. *Der Palast des Kyros in Pergamon.*
6. *Die Athene[-Statue] des Phidias in Athen, die aus Elfenbein und Gold hergestellt ist.*
7. *In Rhodos der Koloß, 60 Ellen [hoch], aus Bronze, der noch zur Zeit des Kaisers Tiberius stand, nach Aristoteles 19 Ellen.*

Nach anderen:

1. *In Ephesos der Tempel.*
2. *In Babylon die Mauern.*
3. *Die Pyramiden.*
4. *In Olympia der Zeus, aus Gold und Elfenbein, auf dem Thron sitzend, 100 Fuß [hoch].*
5. *In Athen die Athene.*
6. *In Halikarnaß das Mausoleum.*
7. *In Ägypten bei Diospolis in der Thebais die Memnoneia, unten errichtet aus rotgesprenkeltem und schwarzem Stein, in der Höhe [messen] manche insgesamt 200 Ellen, mindestens aber 100 Ellen. Dies ist das Bild des Memnon aus rotgesprenkeltem Stein von 80 Ellen [Höhe], der Nagel des großen Zehs am Fuß 4 Handbreit.*

– *Ein Haus aus einem einzigen Stein, mit sieben Liegen, aus Alabasterstein.*

Die erste Liste nennt also statt des Mausoleums von Halikarnaß wieder den Kyros-Palast, lokalisiert ihn aber nicht in Ekbatana, sondern in Pergamon. In dieser Liste wird Aristoteles eine Äußerung über den Koloß zugeschrieben, die dieser nicht gut machen konnte – war er zum Zeitpunkt der Errichtung jenes Monuments doch bereits über zwanzig Jahre tot. Und sie nennt statt der Hängenden Gärten von Babylon nun die Statue der Athene von Athen (s. Kapitel 5). Die zweite Liste, die bis sieben zählt, aber acht Weltwunder nennt, übernimmt nur diese Ersetzung, macht die Statue des Zeus von Olympia gleich 30 m hoch und führt statt des Kolosses von Rhodos erstmals die angeblich sogar gleich dreimal so hohen *Memnoneia* an. Diese Kolossal-Statuen, in Wirklichkeit ‚nur' etwa 20 m hohe Sitzfiguren des Pharaos Amenophis III. (1403–1365 v. Chr.), waren seit der frühen Kaiserzeit ein beliebtes Touristenziel; im Jahr 200 n. Chr. hatte sie der römische Kaiser Septimius Severus neben den Pyramiden und dem Labyrinth von Ägypten besucht – also zwei Bauwerken, die uns bereits bei Plinius (s. Kapitel 1) als Weltwunder begegnet sind. Ferner nennt diese zweite Liste noch ein ‚neues' Wunder, ein aus einem einzigen Stein herausgeschlagenes Haus.

Einer dem Basilius Minimus zugeschriebenen Bearbeitung dieser Scholien reichte selbst diese Zusammenstellung offenbar nicht mehr aus. Hier werden in einem Zusatz noch das Kapitol von Rom und der Hadrians-Tempel von Kyzikos (dessen Vorgängerbau ja bereits Plinius gerühmt hatte) hinzugefügt – Weltwunder, die uns bereits im oben erwähnten Kommentar des Kosmas zu Gregorios' Epigramm begegnet sind und die der ausführlichste (und auch ins Lateinische übersetzte) Kommentar zu Gregorios' Rede wie selbstverständlich mitzählt, nämlich die Anmerkung des im 11. Jahrhundert wirkenden Niketas von Herakleia:

Eines ist das Theben in Ägypten und nicht das Siebentorige in Griechenland, das von Amphion und Zethos mit der Kithara erbaut wurde [s.o. S. 94], sondern das Hunderttorige, das ringsum staunenswerte Mauern hat.

Das zweite sind die babylonischen Mauern, die Semiramis errichtete aus gebranntem Ziegel und Asphalt, die einen Umfang von 300 Stadien haben, und die Breite der Mauer beträgt 80 Ellen.

Das dritte ist das Grab in Kaisareia, das Mausolos, der Herrscher des Landes, als größtes, buntes und prächtigstes auf einem Hügel in einem stehenden See für sich errichtete; innen lag das Grab. Man schreibt auch „Karisches Grab", um die Besitz-Anzeige, oder aber „Karer", um die Herkunft vom Karer Mausolos deutlich zu machen.

Das vierte sind die Pyramiden, Bauwerke in Ägypten, besichtigenswert und sehr aufwendig. Nach manchen wurden sie von Joseph ganz klug als Vorratsbauten angelegt und deshalb als Scheunen des Joseph bezeichnet. Nach gewissen Griechen waren sie aber Denkmale für Könige; zu diesen [Griechen] zählt auch Herodot. Er sagte, es sei wahrscheinlich, daß erst nach der Zeit von Josephs Tod und nach dem Exodus Israels die Griechen jene Gräber der Könige errichtet hätten. Es heißt, es habe eine Zeitlang in Ägypten kleine und sehr große Pyramiden gegeben.

Das fünfte ist in Rhodos der Koloß, ein Abbild des Apollon, und zwar das allergrößte und am meisten bewundernswerte. Manche sagen, dies sei eine bronzene Säule von ganz großer Höhe, nach Aristoteles von sechshundert Ellen.

Dazu das sechste Wunder auf der Welt: das Kapitol von Rom.

Und das siebte: der Hadrians-Tempel in Kyzikos.

Das Mausoleum wurde also mittlerweile in Kaisareia vermutet, der Koloß von Rhodos (über den sich Aristoteles nie äußern konnte: s.o.) als Standbild des Apollon und die Pyramiden als Scheunen des Joseph angesehen; daß dem Geschichtsschreiber Herodot Angaben über die Pyramiden zugeschrieben werden, die er gar nicht gemacht hat (s. Kapitel 2), überrascht angesichts solcher ‚Freiheiten' schon nicht mehr.

Die beiden ‚neuen' Weltwunder, das Kapitol von Rom und der Hadrians-Tempel von Kyzikos, sind erstmals in einem Epigramm zur Verherrlichung des Palastes von Anastasios (Kaiser 491–518 n.Chr.) genannt, das die *Anthologia Palatina* ohne Nennung eines Autorennamens überliefert:

Dem Anastasios dien' als Palast ich, dem Kaiser, der böse
Machthaber schlug. In den Schatten verweise ich glänzende Städte,
werde von allen bewundert. Die Baumeister wollten beim Anblick
meiner Höhe und Länge und kaum noch meßbaren Breite
für das gewaltige Werk auf den Einbau von Dächern verzichten.
Doch der begabte und kluge Planer so kunstreicher Bauten,
Meister Aitherios, gab mir Gestalt endgültig, als Fachmann,
widmete mich als Schöpfung seinem untadligen Fürsten.
Daraufhin dehnte ich endlos mich aus nach sämtlichen Seiten
und übertraf noch Italiens sattsam bestaunte Paläste.
Weiche dem größeren Bauwerk, du Pracht-Kapitol, Burg des Glanzes,
magst du mit deinen bronzenen Dächern auch zauberhaft funkeln!
Pergamon, dein weit leuchtendes Schmuckstück, den Hain des Rufinus,
den doch schon Riesengebäude beengen, kannst du verstecken!
Kyzikos, du brauchst nicht mehr den stattlichen Tempel zu preisen,
den Hadrianus, als Kaiser, aus mächtigen Steinen erbaute!
Nicht Pyramiden und nicht der Koloß, nicht der Leuchtturm von Pharos
lassen mit mir sich vergleichen; ich strahle weit heller als jene.
Mein Gebieter, der siegreich im Kampf die Isaurer vernichtet,
schuf mich als goldene Wohnstatt der frühgeborenen Göttin.
Allseitig stehe ich, durch vier Tore, offen den Winden.

Als siebtes und größtes Wunder preist der Autor dieser Verse also den Palast des Anastasios. An Wundern, die uns aus den älteren Listen bekannt sind, nennt er nurmehr die Pyramiden von Ägypten, den Koloß von Rhodos und den – in den ältesten Listen noch gar nicht erscheinenden – Pharos von Alexandria. Hinzu kommen bei ihm dafür, wie gesagt, das Kapitol von Rom, der Hadrians-Tempel von Kyzikos und erstmals auch das Asklepios-Heiligtum von Pergamon, das ein reicher Pergamener, Lucius Cuspius Pactumeius Rufinus, der Konsul des Jahres 142 n.Chr., gestiftet hatte und das deshalb als „Hain des Rufinus" bezeichnet wurde.

Biblische Weltwunder

Die Zusammenstellung der Listen wird in der Folge immer freier: So kann der im 6. Jahrhundert wirkende Bischof Gregorius von Tours neben vier altbekannten Weltwundern – den Mauern von Babylon, dem „Grab des Perserkönigs" (meint er das Mausoleum von Halikarnaß?), das aus einem einzigen Stein gearbeitet sei, dem Koloß von Rhodos und dem Pharos von Alexandria – erstmals das Theater von Herakleia, vor allem aber die Arche Noah und den Tempel Salomons nennen:

Die meisten Philosophen haben, wenn sie vom Studium der Literatur frei waren, gleichsam mehr als anderes die Sieben Wunder beschrieben, von denen ich manche auslassen und andere, mehr zu bewundernde anführen will, deren Gestalten oder Ausarbeitung folgendermaßen sind:

Als erstes Wunder stellen wir die Arche Noah hin, bei der durch das Wort des Herrn befohlen wurde, wie sie werden sollte: Ihre Länge wurde zu 300, ihre Breite zu 50, ihre Höhe zu 30 Ellen gemacht. Wir lesen, daß diese Arche zwei und drei Kammern hatte. Und die gesamte Arbeit wurde vollendet in einer Elle [als Grundmaß] und hatte ein Fenster oder eine Öffnung an der Seite. In ihr wurden von allen Vögeln des Himmels und Tieren der Erde oder den Würmern mit acht Menschen zur Wiederherstellung der Welt durch den Einbruch der Sintflut die Arten bewahrt.

Als zweites stellen wir Babylon hin, dessen Beschreibung nach Orosius folgende ist: „Wunderbar wegen der Ebene von überallher sichtbar, war es herrlich in Gestalt eines Lagers mit gleichen Mauern als Quadrat angelegt. Seine Mauern waren von einer beim Bericht kaum glaubwürdigen Größe, mit einer Breite von 50 Ellen und einer viermal so großen Höhe. Im übrigen betrug ihr Umfang 470 Stadien. Die Mauer war aus gebranntem Ziegelstein und dazwischen gegossenem Asphalt zusammengefügt, an der Stirnseite der Mauer waren 100 bronzene Tore. Dieselbe Länge hat sie in der Höhe der Zinnen, und obwohl auf beiden Seiten Unterkünfte für die Verteidiger gleichmäßig angeordnet sind, bietet sie im dazwischen liegenden Raum zwei Viergespannen nebeneinander Platz. Die Häuser im Inneren mit je vier Wohnungen waren bewundernswert durch ihre ragende Höhe." Diese Stadt wurde als erste nach der Wiederherstellung des Menschengeschlechts vom Giganten Nebroth gegründet.

Das dritte ist der Tempel des Salomon, der nicht so sehr in der Größe seines Baus als in seinem Bauschmuck ein Wunder war: „Er baute die Wände des Hauses innen aus Brettern von Zedernholz vom Boden des Hauses bis oben an die Wände und bis an die Decke, und täfelte es innen mit Holz, und den Boden des Hauses täfelte er mit Brettern von Zypressenholz. Und er baute 20 Ellen von der Rückseite des Hauses entfernt eine Wand aus zedernen Brettern vom Boden bis an die Dekke und baute so im Innern den Chorraum in das Allerheiligste. Die Tempelhalle vor dem Chorraum war 40 Ellen lang, und innen war das ganze Haus mit Zedernholz verkleidet und hatte gedrechselte Knoten und weit erhabenen Bauschmuck; alles war mit zedernen Brettern verkleidet, und so konnte überhaupt kein Stein an der Wand erscheinen. Den Chorraum machte er im Innern des Hauses, damit man die Lade des Bundes des Herrn dahin stellte. Und der Chorraum war 20 Ellen lang und 20 Ellen breit. Er bedeckte und überzog ihn mit lauterem Gold; auch verkleidete er den Altar mit Zedernholz. Und er überzog das Haus vor dem Altar mit lauterem Gold und brachte die Bretter mit goldenen Nägeln an. Nichts gab es im Tempel, was nicht von Gold bedeckt war, auch den ganzen Altar des Chorraums überzog er mit Gold. Er machte im Chorraum zwei Cherubim aus Ölbaumholz, 10 Ellen hoch: 5 Ellen hatte ein Flügel eines jeden Cherubs, so daß 10 Ellen waren von dem Ende seines einen Flügels bis zum Ende seines andern Flügels. So hatte auch der andere Cherub das gleiche Maß von 10 Ellen. Und er stellte die Cherubim mitten hinein in den Tempel und überzog sie mit Gold. Alle Wände des Tempels verzierte er ringsum mit Schnitzwerk durch verschiedenen Bauschmuck und Drechsel-Arbeiten, und machte in ihnen Cherubim, Palmen und verschiedene Bildnisse, die gleichsam aus der Wand herausragen und heraustreten. Auch überzog er den Boden mit Gold innen und außen. Und am Eingang des Chorraums machte er Türen aus Ölbaumholz, fünf viereckige Pfosten und zwei Türflügel aus Ölbaumholz und ließ Schnitzwerk darauf machen von Cherubim und Palmenarten und weit hervorragende Reliefs und überzog sie mit Gold. Ebenso machte er auch am Eingang des Tempels viereckige Pfosten von Ölbaumholz und zwei Türen von Zypressenholz beiderseits; jede Tür hatte zwei Flügel und ließ sich abwechselnd gehalten öffnen; und er machte Schnitzwerk darauf von Cherubim, Palmen und weit herausragenden Bauschmuck." Viel anderes Bewundernswertes schuf er noch darin, was zu behandeln zu lang erscheint.

Das vierte ist das Grab eines Perserkönigs, das durch Aushöhlung eines Amethyst-Steins entstanden und wunderbar plastisch und durchbrochen gearbeitet ist; außen hat es Bilder von Menschen, Tieren oder Vögeln, die weit herausragen; auch hat es geschnitzte Bäume mit Blättern und Früchten.

Das fünfte ist die Statue des Kolosses, die auf der Insel Rhodos steht, aus Bronze gegossen, deren Höhe so riesig ist, daß kaum jemand einen Stein an sein Haupt werfen kann, und er ist vergoldet. Viele überliefern auch, daß ein Mensch durch dessen Schienbein bis zum Haupt hinaufsteigen kann, wenn er einen Eingang findet, von dem aus er einsteigen kann; sie behaupten überdies, daß das Haupt dieser Statue 22 Fuder Weizen faßt.

Das sechste ist das Theater, das in Herakleia aus einem Bergfelsen gearbeitet ist, so daß alles aus einem einzigen Stein ausgeführt ist, außen die Wände ebenso wie innen die Bögen, Gruben, Treppen und Sitzreihen; ja, das ganze Werk ist aus einem einzigen Stein gearbeitet. Dabei ist es [bloß] mit Marmor aus Herakleia verkleidet.

Das siebte ist der alexandrinische Pharos, der auf vier Krebsen von wundersamer Größe errichtet sein soll. Diese konnten freilich nicht klein sein, da sie ein so riesiges Gewicht in Höhe und Breite zu tragen hatten; man überliefert, daß ein Mensch, der sich über die Schere eines der Krebse ausgestreckt legt, diesen nicht abzudecken vermag. Dieser Leuchtturm wird nachts entzündet, wobei der Brennstoff aus öffentlichen Mitteln stammt, und zwar damit Seeleute, die zur Nachtzeit durch Wind oder Gewitter umherirren, wenn sie die Sterne nicht sehen können, wissen, wohin sie ihre Segel ausrichten müssen.

Doch jene Wunder, mögen auch manche auf Befehl Gottes, manche aber nach menschlichen Erfindungen errichtet sein, sind doch jedenfalls sicher von Menschen erbaut, und ebenso sind manche bereits vergangen, andere stehen kurz vor dem Zerfall ...

Zwei in der – von Gregorius jeweils wörtlich zitierten – Bibel ausführlich beschriebene Werke, die Arche Noah und der Tempel Salomons, ersetzen hier also zwei heidnische Weltwunder, nämlich die Statue des Zeus von Olympia und den Tempel der Artemis von Ephesos.

Durchgesetzt hat sich jedoch gerade dieser Teil der Aufstellung nicht, wohingegen das bei Gregorius ja ebenfalls genannte Theater von Herakleia auch in einer Liste erscheint, die unter dem Namen des zu Beginn des 8. Jahrhunderts wirkenden englischen Mönchs und fruchtbaren Schriftstellers Beda Venerabilis aus dem nordenglischen Jarrow überliefert ist und von der viele verschiedene Fassungen im Umlauf waren; eine davon wollen wir vorstellen:

Über die Sieben Wunder dieser Welt
Das erste Wunder ist das Kapitol von Rom, die Stadt der Städte der ganzen Welt. Auch gibt es dort eine Weihung von

Statuen aller Völker. Diese Statuen trugen auf der Brust den Namen des Volkes geschrieben, dessen Abbild sie darstellten, und es gab eine Glocke am Hals einer jeden Statue. Priester bewachten sie Tag und Nacht. Und wenn ein Volk sich zu einem Aufstand gegen das Römische Reich zu erheben versuchte, dann bewegte sich die Statue jenes Volkes und die Glocke an ihrem Hals erklang, so daß sogleich die Priester die Namenstafel zu den Fürsten brachten, und diese ohne Verzögerung ein Heer zur Beschwichtigung jenes Volks entsenden konnten.

Der zweite ist der alexandrinische Pharos, der auf vier gläsernen Krebsen zwanzig Doppelschritt [zu je 5 Fuß, also 100 Fuß] unter dem Meer aufgebaut ist. Auf welche Weise die so großen Krebse gegossen sind oder wie man sie ins Meer gebracht hat, ohne sie zu zerbrechen, wie man die Fundamente aus Zement über ihnen anbringen konnte und wie der Zement unter Wasser hart werden konnte, warum nun die Krebse nicht zerbrechen oder warum das Fundament oben nicht abgleitet, das alles ist ein großes Wunder, und wie es gemacht wurde, ist schwer zu verstehen.

Das dritte ist der Koloß auf der Insel Rhodos, ein bronzenes Standbild, 125 Fuß [hoch], gegossen. Auf welche Weise eine so riesige Masse gegossen und zum Stand aufgerichtet werden konnte, ist ein Wunder; denn dieses Koloß-Bild ist zwölf Fuß höher als das in Rom.

Das vierte ist das eiserne Götterbild des Bellerophon mit seinem Pferd in der Stadt Smyrna. Es schwebt in der Luft und ist weder an Ketten aufgehängt noch von unten durch irgendeine Stange gestützt; vielmehr sind große Magnetsteine in den Bögen über ihm, und von dort wird es durch die Anziehungskraft gezogen und bleibt in einem Gleichgewichtszustand in der Schwebe. Eine Schätzung seines Gewichts kommt auf etwa 5 000 Pfund Eisen.

Das fünfte ist das Theater in der Stadt Herakleia, das aus einem Marmor so ausgemeißelt ist, daß alle Kämmerchen, Aufenthaltsräume, Mauern und Tierverliese aus einem einzigen Stein zu sein erscheinen, der über sieben Krebsen, die aus demselben Stein gemeißelt sind, in der Höbe gehalten wird. Und niemand kann darin für sich oder mit jemand anderem so heimlich sprechen, als daß nicht alle anderen ihn hören könnten, die sich im Kreis dieses Bauwerks aufhalten.

Das sechste ist das Bad, das Apollonius von Tyana mit einer einzigen Weihekerze anzündete, was die Thermen mit einem ständigen Feuer ohne irgendeine Zufuhr von Brennholz erwärmt.

Das siebte ist der Tempel der Diana. Auf 4 Säulen sind die ersten Fundamente für die Bögen gelegt, dann allmählich hinaufwachsend auf die 4 Bögen höhere Steine, die auf den ersten Bögen ruhen. Auf diesen 4 sind 8 Säulen und 8 Bögen errichtet, darauf in einer dritten Lage im Gleichgewicht durch 4 Teile anwachsend immer höhere Steine gelegt. Auf 8 liegen 16, auf 16 dann 32, und dies ist die vierte Lage. In der fünften Lage stehen 64 Säulen und Bögen, und über den 64 machen 128 Säulen den Abschluß eines so wunderbaren Bauwerks.

Das Theater von Herakleia ist also aus zwei Gründen wunderbar, die bei anderen Autoren immerhin noch für zwei verschiedene Wunder gut waren: Es ist aus einem einzigen Stein gehauen, so wie das nicht lokalisierte Gebäude, das der Zusatz zur zweiten Liste der *Scholia Alexandrina* (s.o. S. 97) anführt, oder wie das „Grab des Perserkönigs" bei Gregorius von Tours (s.o. S. 103) – und es hat eine wundersame Akustik, die Kosmas von Jerusalem (s.o. S. 93) einem Gebäude „beim Amphitheater von Herakleia" zugewiesen hatte.

Außerdem nennt die Beda zugeschriebene Liste das Kapitol von Rom mit seinen Statuen, die bei Aufstand läuteten, den Pharos von Alexandria, der nun auf vier sogar gläsernen Krebsen steht, den Koloß von Rhodos, der sogar größer als der beim Colosseum in Rom sei (s. Kapitel 1) und eine selbstheizende Badeanlage – man fragt sich unwillkürlich, ob ein solches Weltwunder im zugig-kalten Nordengland geradezu erfunden werden mußte! *Last, but not least:* Der Tempel der Artemis (Diana) von Ephesos wird hier nicht etwa wegen seiner Größe und Schönheit als Weltwunder angesehen, sondern allein wegen seiner wahrhaft phantastischen Architektur – offenbar bestand auch er wirklich nur noch in der Vorstellung ...

Sieben, acht, neun und mehr Weltwunder

Die bisher genannten Zusammenstellungen halten an der Siebenzahl der Weltwunder fest; sie fügen allenfalls ein alles übertreffendes achtes Wunder hinzu, ersetzen aber nötigenfalls stets ein altbekanntes einfach durch ein neues, etwa christliches Weltwunder.

Bei den Autoren des hohen Mittelalters zeigt sich hingegen die Tendenz, nicht mehr streng an der Siebenzahl festzuhalten. Während im 12. Jahrhundert Eustathios von Thessalonike in seinem Kommentar zu Homers Odyssee zu dem Wort „Wunder" noch das Mausoleum, den Artemis-Tempel von Ephesos, die Hängenden Gärten und die Pyramiden nennt und in seinem Kommentar zum *Lied von der Welt* des Dionysios von Alexandria ferner den Koloß und noch einmal die Gärten als zu den „Sieben Schaustücken" gehörend anführt, zählt ein Gedicht über die Sieben Weltwunder, das in dem um 1200 entstandenen Geschichtswerk des Georgios Kedrenos zitiert wird, ohne Hervorhebung eines besonderen Wunders und ohne jeden Hinweis auf die Diskrepanz einfach acht Weltwunder auf, darunter wieder den Tempel von Kyzikos (der nun wegen seiner Fugenlosigkeit gerühmt wird) und den Hain des Rufinus:

Die sogenannten Sieben Schaustücke sind folgende:
Zum eitlen Gepränge der Alten hatte Pyramiden
Ägypten, welche das überstolze Land zur Prahlerei hatte,
und den Turm Pharos, den Sternen angeglichen.
Der große Koloß, der berühmte, von Rhodos
und Kyzikos' bestes ungefugtes Haus.
Der Artemis, der ephesischen, Haus.
Und das berühmte Grab des Mausolos,

welches Artemisia errichtete,
die unglückliche einstige Gattin des Mausolos
und das Theater von Lykien in Myra,
das erst zerstörte Ismaels Nachkommenschaft.
Und der rufinische Hain in Pergamon,
dessen Schönheit das ganze Land durcheilte.

Besser gezählt hat ein anonymer griechischer Bearbeiter dieser Liste, der den Artemis-Tempel durch die – schon von Kosmas genannte – Kirche der Hagia Sophia in Konstantinopel ersetzt und als alle Sieben Weltwunder übertreffendes achtes markiert, während ein anderer griechischer Schreiber des 13. Jahrhunderts einfach gleich von „Acht Schaustücken" spricht:

Die Acht Schaustücke der Welt – welche sie sind

1. *Der Pharos von Alexandreia: Der Pharos ist ein hochgelegener Ort, auf den hinaufgestiegen man eine weite Entfernung überblicken kann, wie ich meine.*
2. *Der Bellerophon[tes] von Smyrna – das wußte ich nicht.*
3. *Des Pausolos Karisches Grab – auch das wußte ich nicht.*
4. *Der Koloß von Rhodos, also die Leuchte, das Theater.*
5. *Das Kapitol von Rom, also der Palast.*
6. *Der Tempel von Kyzikos.*
7. *Die Babylonischen Mauern.*
8. *Und die Pyramiden in Ägypten, die keinen Schatten werfen: Die Sonne bescheint sie nämlich ganz. Wenn aber ein Ding oder ein Mensch in der Sonne steht, gibt es einen Schatten; die Pyramiden jedoch stehen selbst mitten in der Sonne, haben aber keinen Schatten, denn sie werfen keinen Schatten, da sie von einem alten dortigen Künstler nach einem besonderen Verfahren gebaut sind.*

Den Pharos von Alexandreia kennt der Autor offenbar nicht aus eigener Anschauung; freilich wußte noch 1572 Maarten van Heemskerck kaum mehr über den Pharos als er (Abbildung 9). Das Mausoleum von Halikarnaß wird nun einem

Pausolos zugeschrieben, der Koloß von Rhodos gar als „die Leuchte, das Theater" bezeichnet ... Treffend räumt dieser Autor auch gleich zweimal ein: „Das wußte ich nicht!"

Am umfangreichsten aber ist die um 1300 entstandene Liste der „schönsten Werke und Schaustücke auf der Welt", die ein Codex in der Bibliothek des Vatikan bewahrt. Nicht mehr Sieben, sondern gleich Dreißig Weltwunder werden hier aufgezählt, und wir begegnen dabei nochmals fast all den legendären Bauten und Kunstwerken, die von den verschiedenen in diesem Buch vorgestellten Autoren in anderthalb Jahrtausenden zu den Weltwundern gerechnet worden sind – und einigen mehr:

In Ephesos der Tempel der Artemis.
Die Babylonischen Mauern.
In Ägypten die Pyramiden.
In Rom der Tempel der Aphrodite und der Roma.
In Rom das Amphitheater [Colosseum].
In Halikarnaß das Grab des Mausolos.
In Rom die Naumachie des Gaius und des Lucius.
In Kreta das Labyrinth.
In Olympia der Zeus, ein Werk des Phidias.
In Epidauros der Asklepios, ein Werk des Phidias.
In Rhodos der Koloß, ein Werk des Chares.
In Argos die Hera, ein Werk des Polykleites.
In Knidos die Aphrodite, ein Werk des Praxiteles.
In Milet der Tempel des Apollon.
In Rom im Circus der Obelisk, der aus Ägypten gebracht wurde.
Der Tempel des Zeus in Heliopolis.
In Karrhai [Harran] der [Tempel] der [Mondgöttin] Selene.
Der [Tempel] des Hadrian in Kyzikos, unvollendet.
Der [Tempel] des Zeus in Damaskos.
In der Thebais die Syringen.
In Sidon das Theater.
Das [Theater] in Herakleia in Thrakien.
Der Tempel des Sarpedon [Sarapis?] in Alexandria.

Der [Tempel] des Asklepios [im Hain des Rufinus] in Pergamon.

Der Säulengang in Sardes.

Die Herakles-Krepis [Stufenunterbau] in Sardes, die in der Tiefe 250 Stufen hat.

In Ephesos der Hafen, ganz mit der Hand gearbeitet.

In Nikomedia der Antoninus [die Caracalla-Statue].

In Berytos der Zeus, ein Gold-Elfenbein-Werk des Phidias, unvollendet.

In Myra in Lykien die Leto, ganz aus Smaragd, eine Elle lang, auf einem Thron aus demselben Stein sitzend, ein Werk des Praxiteles, unvollendet am Rücken und am Thron.

Abbildung 9: Maarten van Heemskerck,
Der Pharos von Alexandria (1572)

10. Die Renaissance der Weltwunder

Ad fontes – zurück zu den antiken Quellen

Als gegen Ende des Mittelalters, um die Mitte des 15. Jahrhunderts, Giorgio Sanguinatio, ein in Rom wirkender griechischer Arzt und Konsul, ein Gedicht zum Thema ‚Weltwunder' verfaßte, betitelte er es in Unkenntnis oder unter Mißachtung der Siebenzahl einfach wie folgt:

Des römischen Konsuls Sanginatios [Gedicht] auf die 16 Schaustücke der Welt
Theben, das hunderttorige, wunderschöne Mauern,
Mauern von Babylon, Semiramis' Gründung,
Gründung des Mausolos' Grab, geschaffen mit Kunst.
Mit Kunst stehen auch die Pyramiden des Joseph,
als weiteres Schaustück betrachte das Kapitol von Rom,
auch Hadrians Tempel, der in Kyzikos errichtet.
Errichtet ist auch ein anderes Schaustück, der Koloß in Rhodos,
das achte ein anderes Schaustück, der Pharos Alexandreias,
das neunte die Ringmauer von Kaisareia,
das zehnte Schaustück das in Herakleia,
das elfte ist der Phelephos von Smyrna,
das zwölfte das Labyrinth, eine Höhle in Kreta,
ein anderer Turmbau das dreizehnte,
in Ephesos der Artemis-Tempel ein weiteres,
das fünfzehnte ist der Tempel in Byzanz,
und in Pergamon das Heiligtum des Königs Kyros.

Weder die Zahl der Weltwunder noch ihre Namen und Eigenschaften waren mehr bekannt: Der Bellerophon von Smyrna ist nun ein Phelephos, das Labyrinth eine Höhle – und aus drei älteren Weltwundern, dem Hain des Rufinus in Pergamon, dem Zeus-Heiligtum von Olympia und dem Kyros-Palast von Ekbatana, ist nun ein einziges geworden: „in Pergamon das Heiligtum des Königs Kyros" ...

Eine Generation später, 1482, hielt der italienische Humanist Angelo Ambrogini, der sich nach seiner Heimatgemeinde Montepulciano (bei Siena) Politianus nannte, seine Antrittsvorlesung an der Hochschule von Florenz vor der „etruskischen Jugend“, seinen Studenten. Daß er dies in lateinischen Versen tat, war seinem Thema, der klassischen Dichtung Vergils, angemessen. Um also deren Unvergänglichkeit anschaulich zu machen, verglich er sie mit genau Sieben Weltwundern.

Auf also, etruskische Jugend, eifrig um die Wette
opfert den aionischen Heiligen [den Musen] und kommt mit mir,
um die kunstvollen Monumente des ewigen Dichters zu schauen,
die du nicht in die Prachtgewänder der keuschen Minerva [Athene] eingewebt
und in feierlichem Opfer entwickelt hast, altes Athen,
scharlachrot bemalt, so oft Schlachten dargestellt waren,
und die auch einst nicht vergleichbar gewesen denen, welche über die Welt verteilt
in siebenfachem Ruhm feiert als Schaustücke der Ruf.
Ja, weder mag das kriegerische Babylon seine von Viergespannen bestampften
Mauern oder die Hängenden Gärten mit ihrem fließenden Himmel
vergleichen, oder Delos seinen Altar, errichtet aus rechten
Hörnern, oder das goldene Rhodos die Masse des riesigen Phoebus [Apollon];
auch sollen die Karer sich nicht der Reliefs deines Grabes, Mausolos,
Elis nicht Phidias' Elfenbeins und auch nicht der stolzen
Pyramiden die ungezügelte Zunge Kanobos' [Ägyptens] sich brüsten:
Denn diese haben durch das mächtige Schütteln von Neptuns Dreizack,
oder durch dein Geschoß, Summanus [Blitzgott], Zerstörung gefunden,

oder sie sind schrecklichen Unwettern oder dem Zorn des
Sturms anheimgefallen,
oder sie gingen langsam durch den schweigsamen Zahn
der Zeit zugrunde.
Doch ewig bleibt und in spätere Jahre noch läuft
des Dichters Werk!

Die Mauern und die Hängenden Gärten von Babylon, der Hörner-Altar von Delos (den bereits Martial als Weltwunder nannte: s. Kapitel 1), der Koloß von Rhodos, das Mausoleum von Halikarnaß, die Statue des Zeus von Olympia und die Pyramiden von Ägypten: anders als noch Sanguinatio nennt Politianus genau Sieben Weltwunder. Nicht alle von ihnen kennt er genau; wie Niketas (s. Kapitel 9) hält er den Koloß von Rhodos für eine Statue des Apollon. Doch die gewucherten Weltwunder-Listen des Mittelalters weist der Humanist zurück, er bemüht sich – in für die Renaissance-Zeit typischer Weise – um ein von solchen Auswüchsen möglichst freies Bild der Antike, das er sich aus den antiken Quellen selbst erarbeitet.

Die Renaissance der Sieben Weltwunder erfolgte rasch. Bereits eine Generation nach Politianus war sie so verbreitet, daß 1517 der Gründer einer anderen Hochschule, des Corpus Christi College in Oxford, in den Statuten festlegen konnte, die Dozenten sollten nach dem Essen und Trinken noch zusammen sitzen bleiben, miteinander singen oder aber über „Dichtung, Geschichte und die Weltwunder" sprechen.

Solche Gespräche scheinen ihre Wirkung gehabt zu haben: Als in der zweiten Hälfte jenes Jahrhunderts der niederländische Arzt und Humanist Adriaen de Jonghe (1511–1575) unter seinem latinisierten Namen Hadrianus Iunius lateinische Verse über die Weltwunder verfaßte, nennt er statt des Hörner-Altars wieder die Zeus-Statue. Doch folgt er Martial in anderer Weise, denn als achtes Weltwunder erscheint auch bei ihm das Colosseum (s. Kapitel 1), und zwar mit einem ausdrücklichen Verweis auf diesen in Bilbilis geborenen Dichter (dessen Epigramme er übrigens 1568 im Druck herausgegeben hatte).

1. *Die Pyramiden Ägyptens.*
Die hochragenden Wunder der Pyramiden haben die pharischen [ägyptischen] Könige, stufenweise aufsteigende Massen, als Monumente für Bestattete errichtet, und sie gelehrt, die rasenden Feuer Hyperions [des Sonnengottes] als Nachbarn zu ertragen, im Gebiete des großen Memphis.

2. *Pharos.*
Für die Leitung der Fahrten der Schiffe errichtetest Du, Ptolemaios, der nächtlichen, den Pharos, auf daß, wenn die dunkle Nacht schweigt, an Phoebus' [Apollons] Stelle ein Licht die hellen Fackeln speien, auf daß sie die treulosen Ufer des Nils so sicherer erreichten.

3. *Die Mauer Babylons.*
Nachdem sie den Hals ihres Gatten durchtrennte, befahl die mächtige Semiramis Babylon hoch mit ziegelgebrannten Mauern zu umschließen und mit trägem Asphalt: Tore fügte sie hundert hinzu, und darüber errichtete sie ihren edlen Scheiterhaufen.

4. *Der ephesinischen Diana Tempel.*
Errichtet hat das amazonische Ephesus dir, Delia [Artemis], dieses heilige Haus, ein riesiges Schmuckstück des schwelgerischen Asiens. Die Fundamente trug ein Sumpf, zuvor mit Kohlen gestopft, auf daß sie vom Rütteln der Erde unbewegt stünden.

5. *Mausoleum.*
Von Mausolos' Scheiterhaufen ließ die noch warmen Aschen seine Gattin abnehmen, um sie zu trinken, und als ihrer erstarkten Verehrung Beleg errichtete sie einen Grabbau, dessen lebendige Zeichen die größten Künstler mit Marmorreliefs schmückten.

6. *Der Koloß des Sol.*
Siebenmal zehn Ellen maß der Koloß, so heißt es, gleich einem riesigen Turm, unter dem Namen des Sol aus hohler Bronze geschaffen, mit einer riesigen Höhlung voll Felsstein darin, fand er bei den Rhodiern heilige Ehrung.

7. *Des olympischen Jupiter Standbild.*
Elis, der Olympiaden Mutter, das als Achäer [Grieche] markiert mit vornehmen Spielen die Fasten [Kalender], beschließt die Wunder. Und es zeigt des Phidias' Jupiter aus schneeweißem Elfenbein, der mit dem Haupthaar und Nicken den Olymp erschüttert.

8. *Das Amphitheater*
Zu diesen fügt der Sänger, dessen Geburt sich Bilbilis rühmt [Martial], das heilige Schmuckstück des kaiserlichen Amphitheaters: Diese Masse, die runde Gestalt der Welt vorspiegelnd, nahm in seinem Zuschauer-Raum die Völker auf und bereitete die Spiele.

Die Sieben Weltwunder im Bild

Die eben zitierten Verse des Hadrianus Iunius finden sich in einem 1598 postum veröffentlichten Gedichtband des Gelehrten. Erstmals aber begegnen sie uns, wenn auch ohne Nennung des Dichternamens, auf einer Serie von acht Kupferstichen, die 1572 der niederländische Kupferstecher Philips Galle nach Vorlagen des (mit Iunius befreundeten) Malers Maarten van Heemskerck (1498–1574) veröffentlichte und die auch unser Buch schmücken (Abbildung 3–10).

Heemskercks Bilder der Weltwunder sind keine Rekonstruktionen der antiken Wirklichkeit, sondern weit eher aktualisierende Vergegenwärtigungen für seine Zeitgenossen: Der Artemis-Tempel etwa (Abbildung 6) erscheint als Kirche. Einzig das *Amphitheatrum* des Colosseum ist – was den Kupferstich auch bauhistorisch wertvoll macht – korrekt in seinem zeitgenössischen Zustand wiedergegeben, den der Künstler bei einem mehrjährigen Romaufenthalt studiert hatte (Abbildung 10); der Koloß des Nero jedoch, dem das Colosseum seinen heutigen Namen verdankt (s.o. S. 14) und den Heemskerck in die Arena stellt, war zu seiner Zeit längst vergangen und entstammt in dieser Form ebenso Heemskercks Phantasie wie die eigentlichen Weltwunder-Bilder.

Diese Kupferstich-Serie selbst erlebte drei Auflagen. Auch ihre beiden Teile – die Verse und die Graphik – fanden weite Verbreitung: Zwar bietet die von dem florentinischen Künstler Antonio Tempesta 1608 veröffentlichte Serie statt der Verse des Iunius andere des Humanisten Josse de Rycke (Iustus Rychius, 1587–1627), doch begegnen uns Iunius' Gedichte über die Mauern von Babylon, die Zeus-Statue von Olympia, den Koloß von Rhodos und den Pharos von Alexandria auch in der Serie von Weltwunder-Abbildungen, die der niederländische Kupferstecher Crispijn de Passe d.Ä. 1614 nach Vorlagen des Malers Maarten de Vos publizierte.

Und wie weit die Graphik verbreitet wurde, macht etwa die Tatsache deutlich, daß der niederländische Kartograph Willem Janszoon Blaeuw sie am Rand seiner erstmals 1606 gedruckten und weitverbreiteten Weltkarte abbildet. Ja, selbst die ersten ‚Rekonstruktionen' der Weltwunder, die der österreichische Baumeister Johann Bernhard Fischer von Erlach in den Bildern seiner 1721 erschienenen Architekturtheorie *Entwürff einer historischen Architectur* publizierte, gehen zum Teil noch auf Heemskercks Vorbild zurück.

Anschaulich macht die Verbreitung von dessen Graphik aber auch ein Besuch des Schlosses Velthurns (Velturno) und des Klosters Neustift (Novacella), beide bei Brixen (Bressanone) in Südtirol: In der Sommerresidenz der Fürstbischöfe von Brixen in Feldthurns schuf bereits 1582, zehn Jahre nach Erscheinen von Galles Kupferstichen, ein Künstler aus Brescia nach diesem Vorbild Wandmalereien der Sieben Weltwunder, und 1669 brachte ein anderer Maler nach den gleichen Vorlagen die Fresken auf dem achteckigen Brunnenbaldachin im Hof des Klosters an.

Als achtes Weltwunder erscheint hier aber nicht das Colosseum oder ein anderes der in den alten Weltwunder-Listen genannten Bauten oder Kunstwerke, sondern – gleichsam in der Tradition der mittelalterlichen Ersetzungen heidnischer durch christliche Wunder – das Kloster selbst.

Doch anders als ihre mittelalterlichen Kollegen nahmen die frommen Mönche von Kloster Neustift am heidnischen Ursprung der Sieben Weltwunder keinen Anstoß mehr: Diese sieben legendären Bauten und Kunstwerke der Antike waren in der Neuzeit eben wieder Teil des Allgemeinwissens – und sind es bis heute geblieben.

Abbildung 10: Maarten van Heemskerck,
Das Colosseum von Rom (1572)

Antike Maßangaben

Viele der zitierten antiken Autoren geben Maße der Sieben Weltwunder an. Grundmaß ist dabei der Fuß; Vielfache davon sind:

1 Elle	=	1½ Fuß
1 Doppelschritt	=	5 Fuß
1 Klafter	=	6 Fuß
1 Plethron	=	100 Fuß
1 Stadion	=	600 Fuß
1 Meile	=	1000 Doppelschritt

So genau die Angaben der antiken Autoren auch wirken, so darf man bei der Umrechnung in moderne Maße zwei Probleme nicht übersehen:

Zum einen sind die antiken Maßangaben wohl nicht immer korrekt überliefert, da es im Mittelalter bei den wiederholten Abschriften, denen wir die Bewahrung der antiken Texte überhaupt verdanken, zu Fehlern insbesondere bei Zahlzeichen kommen konnte.

Zum zweiten kennt die Antike kein für alle Zeiten und Orte verbindliches ‚Ur-Maß'. So schwankt der antike „Fuß" zwischen 29½ cm und 35½ cm, was etwa bei einem Stadion immerhin zu einer ‚Bandbreite' von knapp 180 m bis über 210 m führt.

Antike Autoren über die Sieben Weltwunder

Unsere Vorstellung der Sieben Weltwunder verdanken wir vor allem den Werken einiger antiker Autoren. In den Übersetzungen dieses Buches, die sich um eine genaue Wiedergabe der überlieferten Texte bemühen, sind Auslassungen durch ... gekennzeichnet; alle zum besseren Verständnis eingefügten Zusätze des Bearbeiters stehen in eckigen Klammern.

Zur weiterführenden Lektüre sei auf die folgenden Übersetzungen hingewiesen:

Anthologia Palatina, 3 Bde., dt. v. D. Ebener. (Bibliothek der Antike) Berlin und Weimar 1981

Diodor, Griechische Weltgeschichte I–X, 2 Bde., dt. v. G. Wirth und O. Veh. (Bibliothek der griechischen Literatur 34–35) Stuttgart 1992–93

Herodot, Geschichten und Geschichte, 2 Bde., dt. v. W. Marg. (Bibliothek der Alten Welt) Zürich und München 1973–83

Pausanias, Reisen in Griechenland. 3 Bde., dt. v. E. Meyer und F. Eckstein. (Bibliothek der Alten Welt) Zürich und München 1986–89

Philon von Byzanz: K. Brodersen, Reiseführer zu den Sieben Weltwundern. Philon von Byzanz und andere antike Texte. (Insel-Taschenbuch 1392) Frankfurt/Main und Leipzig 1992

Plinius, Naturkunde, lat. und dt. v. R. König, G. Winkler u. a. (Sammlung Tusculum) München und Zürich 1973–96

Strabon, Erdbeschreibung, dt. v. Ch. G. Groskurd, Berlin und Stettin 1831–34; Nachdruck Hildesheim 1988 (eine moderne Übersetzung fehlt).

Weitere Informationen bietet etwa das

Metzler Lexikon antiker Autoren, hg. v. O. Schütze. Stuttgart und Weimar 1997.

Um den Lesefluß nicht zu stören, sind die einzelnen Quellenbelege nicht in den laufenden Text eingefügt, sondern werden im nun folgenden Anhang zusammengestellt, um zumindest Fachleuten die Überprüfung der Angaben zu ermöglichen.

1. Vorstellung der Sieben Weltwunder

Die Weltwunder-Listen im griechischen oder lateinischen Original und in deutscher Übersetzung liegen erstmals in der eben genannten Ausgabe des Philon von Byzanz vor.

Laterculi Alexandrini: Papyrus Berolinensis 13044v, col. 8.22 ff. – Kallimachos: Statue des Zeus: Frg. 196 Pf.; Tempel der Artemis: Hymnos 3, 249 f.; Hörner-Altar von Delos: Hymnos 2, 58 ff.; über Wunder: Frg. 407 ff. Pf. – Antipatros: Anthologia Palatina 9, 58 (nach der o. g. Übersetzung von D. Ebener). – Varro bei Gellius 3, 10, 16. – Diodor: über Pyramiden 1, 63, 2 und 18, 4, 5; über den Semiramis-Obelisk 2, 11, 5; über die Hängenden Gärten 2, 10, 1 ff. – Sextus Propertius, Elegiae 3, 2, 15 ff. (nach der Übersetzung von R. Helm, Properz: Gedichte. Berlin 1965, 143). – Vitruvius, de architectura 2, 8, 11 und 7 pr. 13. – Valerius Maximus 6, 4, ext. 1. – Strabon 8, 3, 30 C 353 f. (Olympia); 14, 1, 22 C 640 f. (Ephesos); 14, 2, 2 C 652 (Rhodos); 14, 2, 16 C 656 (Halikarnaß); 16, 1, 5 C 738 (Babylon); 17, 1, 33 C 808 (Pyramiden). – Pomponius Mela 1, 85. – Seneca, Dial. 11, 1. – Inschrift aus Pompeji: Corpus Inscriptionum Latinarum IV 1111. – Plinius 36, 75 ff.; 36, 30. – Martial, Spectacula 1 (nach der Übersetzung von O. Gößwein, Martial: Epigrammata. München 1986, 11). – Plutarch, mor. 983e. – Curtius Rufus 5, 1, 24 ff. – Gellius 10, 8, 4. – Hyginus, fabulae 223. – L. Ampelius 8. – Cassiodorus, variae 7, 15. – Septem Mira: Codex Vaticanus lat. 4929, fol. 149v. – Lactantius, inst. 3, 24, 1. – Ammianus 22, 15, 28. – Philon von Byzanz 1. – „geistloses Raisonnement“: W. Kroll, Philon 49. In: Realencyclopädie der classischen Altertumswissenschaften XX 1. Stuttgart 1941, 54, 55, spez. 55 – „große Zeit von Hellas“: Philon von Byzanz 3, 4.

2. Die Pyramiden von Ägypten

Diodor 18, 4, 5. – Herodot 2, 124, 1 ff.; dazu A. B. Lloyd, Herodotus Book II: Commentary 99-182. (Études préliminaires aux religions orientales dans l'empire romain 43) Leiden 1988, 60 ff. – Hekataios von Abdera (FGrHist 264) bei Diodor 1, 63, 2 ff.; dazu A. Burton, Diodorus Siculus Book I: A Commentary. (Ebd. 29) Leiden 1972, 60 ff. – Frontin, de aquaeduct. 16. – Plinius 36, 75 ff. – Philon von Byzanz 2. – Ammianus 22, 15, 18. Vgl. H. Stöckhert, Die schattenlosen Pyramiden, Sterne und Weltraum 1, 1999, 76. – Joseph: 1. Mose 41, 47 ff. – Strabon 17, 1, 33 C 808; zu Rhodopis' Schuh vgl. auch Älian, v.h. 13, 33.

3. Die Mauern von Babylon

Nebukadnezar II., sog. Große Steinplatten-Inschrift, col. 6, l. 22 ff., ed. S. Langdon, Die Neubabylonischen Königsinschriften. Übers. v. R. Zehnpfund. (Vorderasiatische Bibliothek 4) Leipzig 1912, S. 133 ff. (zitiert nach der Übersetzung von C. Wilcke in R. Koldewey, Das wieder erstehende Babylon. Hg. v. B. Hrouda. München 1990, 18 f.). – *„Tintir ist Babylon"*, tab. 5, l. 57 f., ed. A. R. George, Babylonian Topographical Texts. (Orientalia Lovanensia Analecta 40) Löwen 1992, 67. – Pausanias 8, 33, 3. – Herodot 1, 178, 2 ff.; dazu R. Rollinger, Herodots Babylonischer Logos. (Innsbrucker Beiträge zur Kulturwissenschaft, Sonderheft 84) Innsbruck 1993 (mit K. Brodersen, Zeitschrift für Assyriologie und Vorderasiatische Archäologie 38, 1993, 298 f.) – „Viele Könige": Herodot 1, 184, 1 f. – Ktesias von Knidos FGrHist 688 F 1 b bei Diodor 2, 7, 2 ff.; vgl. Curtius Rufus 5, 1, 24 ff. – Kleitarchos FGrHist 137 F 10 bei Diodor ebd. – Strabon 16, 1, 5 C 738 (wohl nach Onesikritos FGrHist 134). – Berossos FGrHist 680 F 8 bei Flavius Josephus, contra Apionem 1, 135 ff. und antiquitates 10, 220 ff. – Philon von Byzanz 5.

4. Die Hängenden Gärten von Babylon

Homer, Odyssee 7, 81 ff. (nach der Übersetzung von D. Ebener, Berlin und Weimar 1971). – Nebukadnezar II., Große Steinplatteninschrift (wie oben), col. 8 l. 54 ff., ed. Langdon S. 139 (nach der Übersetzung von D. J. Wiseman, Nebuchadrezzar and Babylon. Oxford 1985, 56 f.). – Curtius Rufus 5, 1, 32 ff.; dazu J. E. Atkinson, A Commentary on Q. Curtius Rufus' ‚Historiae Alexandri Magni': Books 5 to 7, 2. (Acta Classica [South Africa] Suppl. 1) Amsterdam 1994, 36 ff. (gegen Nutzung des Ktesias). – Strabon 16, 1, 5 C 738 (wohl nach Onesikritos FGrHist 134) – Diodor 2, 10, 1 ff. – Berossos FGrHist 680 F 8 bei Flavius Josephus, contra Apionem 1, 140 f. und antiquitates 10, 225 f. – Philon von Byzanz 1. – Plinius 19, 49. Vgl. K. Brodersen in: H. Sarkowicz (Hg.), Die Geschichte der Gärten und Parks. Frankfurt/Main 1998, 38–49.

5. Die Statue des Zeus von Olympia

Kallimachos: Frg. 196 Pf. – Strabon 8, 3, 30 C 353 mit Zitaten aus Homer, Ilias 1, 528 ff. und Ilias 8, 199; zur Inspiration durch Homer vgl. auch Macrobius, Saturnalia 5, 13, 23. – Plinius 34, 54. – Epiktet, Diatriben (Arrian) 1, 6, 23. – Pausanias 5, 10, 2 (Rundgangbeginn), 5, 11, 1 ff. (Statue) und 5, 15, 1 (Phidias-Werkstatt). – Pantarkes-Inschrift auf dem Finger der Statue: Clemens Alexandrinus, Protrept. 4, 53, 4. – Cicero, Orator 2. 8 f. – Dion Chrysostomos, Rede 12, 50 f. (mit einem Zitat aus Homer, Odyssee 4, 221) und 74 ff. – Wundergeschichten: Pausanias 5, 11, 9; Sueton, Caligula 22, 2 und 57, 1; vgl. Flavius Josephus, antiquitates 19, 8 f. und Cassius Dio 59, 28, 3 f. – Verfall: Dion Chrysostomos ebd. 85 zitiert Homer, Odyssee 24, 249. = Renovierung: Pausanias 4, 31, 6. – Diebstahl der Haarlocken: Lukian 21 (Iuppiter tragoedus), 25. – Philon von Byzanz 3.

6. Der Tempel der Artemis von Ephesos

Plinius 34, 53. – Plinius 36, 95 ff. – Inschriften des Kroisos: K.Brodersen u. a., Historische griechische Inschriften in Übersetzung I. (Texte zur Forschung 59) Darmstadt 1992, 9 Nr. 12. – Valerius Maximus 8, 14, ext. 5; vgl. Gellius 2, 6, 18. – Alexanders Geburt: Cicero, De natura deorum 2, 69 und De divinatione 1, 47; Plutarch, Alexander 3, 5 ff. – Strabon 14, 1, 22 C 640 f. – Apostelgeschichte 19, 23 ff. – Pausanias 4, 31, 8. – Antipatros: Anthologia Palatina 9, 790 (nach der o.g. Übersetzung von D. Ebener). – Philon von Byzanz 6.

7. Das Mausoleum von Halikarnaß

Artemisia als Königin: Diodor 16, 36, 2. – Vitruvius 7, pr. 13. – Plinius 36, 30 f.; dazu K. Jeppesen u.a., The Maussoleion at Halikarnassos II: The written sources. Aarhus 1986. – Cicero, Tusc. 3, 31. 75. – Pausanias 8, 16, 4. – Mausoleum als Weltwunder: Belege bei S. Hornblower, Mausolus. Oxford 1982, 223 ff. – Lukian 77 (Dial. mort.), 29 (24), 1 f. – Valerius Maximus 4, 6, ext. 1; vgl. wortreicher Gellius 10, 18.

8. Der Koloß des Helios von Rhodos

Strabon 14, 2, 5 C 652. – Sextus Empiricus, Adv. mathemat. 7, 106 f. – Anthologia Palatina 6, 171 (nach der o.g. Übersetzung von D. Ebener); vgl. Suda s.v. Kolassaeis. – Strabon ebd. (mit Teilzitat von Anthologia Palatina 16, 82). – Polybios 5, 88, 1. – Scholia zu Plato, Philebos 15 c. – Plinius 34, 41. – Philon von Byzanz 4. – 980 Kamele: Konstantin Porphyrogennetos, De adm. imp. 21, 65 p. 88 Moravcsik; einen Fehler – richtig sei „90“ – vermuten die Bearbeiter in R. J. H. Jenkins (Hg.), Constantine

Porphyrogenitus, De administrando imperio II: Commentary. London 1962, 77. – Shakespeare, Julius Caesar 1. Akt, 2. Szene, 134 ff.

9. Heidnische und christliche Weltwunder

Gregorios von Nazianz, Epigramm 50 = Anthologia Palatina 8, 177 (nach der o. g. Übersetzung von D. Ebener); dazu Kosmas von Jerusalem PG 38, 545 ff. (mit Verweis auf Homer, Odyssee 7, 112) und Codex Palatinus gr. 23 p. 250; daß damit die Königsgräber auf dem Nemrud Dagh gemeint seien, hat L. Robert geäußert: Géographie et philologie ou la terre et la papier (1970). In: Ders., Opera Minora Selecta IV, Amsterdam 1974, 383–403, spez. 396. – Gregorios von Nazianz, Rede 43, 63; dazu Kommentare des Ps.-Nonnos im Codex Vallicellanus 47, fol. 55v u. a. und Scholia Alexandrina im Codex Taurinensis B I 4, fol. 35v u. a. – Memnons-Kolosse: Tacitus, Ann. 2, 61; Historia Augusta, Septimius Severus 17. – Basilius Minimus: Codex Laurentianus IV 13, fol. 54v u. a. – Niketas von Herakleia, commentarii p. 188 C mit Verweis auf Herodot 2, 124 und Aristoteles, Frg. fals. 20. – Epigramm auf den Anastasios-Palast: Anthologia Palatina 9, 656 (nach der o. g. Übersetzung von D. Ebener). – Gregorius von Tours, De cursu stellarum 1 ff. mit Verweis auf 1. Mose 6, 14 ff., Orosius, hist. 2, 6, 8 und 1. Könige 6, 15 ff. – Ps.-Beda Venerabilis PL 90, 961 f. – Eustathios von Thessalonike zu Homer, Odyssee 9, 190 und zu Dionysios Periegetes v. 504 bzw. v. 1005. – Georgios Kedrenos, Synopsis Historion I p. 299 B; anonymer Bearbeiter: Codex Baroccianus 68, fol. 76v. – Acht Schaustücke: Codex Ambrosianus gr. 886 fol. 180v. – Dreißig Weltwunder: Codex Vaticanus gr. 989, fol. 144r.

10. Die Renaissance der Weltwunder

Sanguinatio: Berlin, Ms. Phillipicum 1524, fol. 48v–49r. – Politianus: I.del Lungo, Angelo Poliziano: Le selve e la strega. Florenz 1925, selve v. 319 ff. (die Kenntnis dieser Ausgabe verdanke ich Prof. Dr. R. Kassel, Köln). – Th. Fowler, The History of Corpus Christi College. Oxford 1893, 52 (freundlicher Hinweis von Dr. St. Harrison, Oxford). – Adriaen de Jonge: Poëmatum Hadriani Iunii Hornani medici liber primus. Leiden: L. Elzevir 1598, 177 f.

Moderne Autoren über die Sieben Weltwunder

Philon und die Weltwunder-Listen

L. Allaci, Philo Byzantius de septem orbis spectaculis Leonis Allatii opera nunc primum Graece & Latine prodit, cum notis. Rom: Mascardi 1640.

J. K. Orelli, Philonis Byzantini libellus de septem orbis spectaculis. Leipzig 1816.

R. Hercher, Aeliani de natura animalium etc. Paris: Didot 1858, S. 101 ff.

H. Omont, Les sept merveilles du monde au moyen age. Bibliothèque de l'école des Chartes 43, 1882, 40–59.

H. Schott, De septem orbis spectaculis quaestiones. Diss. München (Ansbach) 1891.

M. Arnim, De Philonis Byzantii dicendi genere. Diss. Greifswald 1912

W. Kroll, Philon 49. In: Realencyclopädie der classischen Altertumswissenschaften XX 1. Stuttgart 1941, 54–55.

A. Diller, The Tradition of the Minor Greek Geographers. (Philological Monographs 14) Lancaster PA und Oxford 1952, 3 ff.

J. Łanowski, Weltwunder. In: Realencyclopädie der classischen Altertumswissenschaften, Suppl. X. Stuttgart 1965, 1020–30.

–, Les listes des merveilles du monde ‚grecques' et ‚romaines'. In: P. Oliva und A. Frolíková (Hgg.), Concilium Eirene XVI. Bd. II Prag 1983, 182–86.

–, Zum Werk des Philon von Byzanz. Eos 73, 1985, 31–47.

K. Brodersen, Reiseführer zu den Sieben Weltwundern: Philon von Byzanz und andere antike Texte. (Insel-Taschenbuch 1392) Frankfurt/Main und Leipzig 1992.

Zur Siebenzahl

W. H. Roscher, Die Sieben- und Neunzahl im Kultus und Mythus der Griechen. (Abhandlungen der phil.-hist. Klasse der königl. sächs. Gesellschaft der Wissenschaften 24, 1) Leipzig 1904.

–, Die Hebdomadenlehren der griechischen Philosophen und Ärzte. (Ebd. 24, 6) Leipzig 1906.

D. Matz, Ancient World Lists and Numbers: Numerical Phrases and Rosters in the Greco-Roman Civilizations. Jefferson NC und London 1995 49 ff.

(Populär-)Wissenschaftliche Literatur

H. v. Rohden, De mundi miraculis quaestiones selectae. Diss. Bonn 1875.

K. B. Stark, König Maussollos und das Mausoleum von Halikarnass. In: Ders., Vorträge und Aufsätze aus dem Gebiete der Archäologie und Kunstgeschichte. Leipzig 1880, 174–217 und 456–77.

E. J. Banks, The Seven Wonders of the Ancient World. New York und London 1916.
L. Friedländer, Darstellungen aus der Sittengeschichte Roms I. 10. Aufl. v. G. Wissowa. Leipzig 1922, 446f.
O. Weinreich, Studien zu Martial. (Tübinger Beiträge zur Altertumswissenschaft 4) Stuttgart 1928, 1ff.
R. Gostkowski, Siedm cudów świata. Kwartalnik Klasyczny 2, 1928, 391–440.
F. Krischen, Weltwunder der Baukunst in Babylonien und Jonien. Tübingen 1956.
D. E. L. Haynes, Philo of Byzantium and the Colossus of Rhodes. Journal of Hellenic Studies 77, 1957, 311–12.
A. Müller und R. Ammon. Die Sieben Weltwunder. 5000 Jahre Kultur und Geschichte der Antike. München 1966.
V. Zamarovský, Die Sieben Weltwunder. Zeugnisse großer Kulturen. München 1966; andere Übersetzung u. d. T. Den Sieben Weltwundern auf der Spur. Leipzig 1981.
M. Dawid, Weltwunder der Antike: Baukunst und Plastik. Frankfurt/Main und Innsbruck 1968.
Th. Dombart, Die Sieben Weltwunder des Altertums. 2. Aufl. München 1970.
M. Ashley, The Seven Wonders of the World. Glasgow 1980.
W. Ekschmitt, Die Sieben Weltwunder. Ihre Erbauung, Zerstörung und Wiederentdeckung. Mainz 1984; 10. Aufl. 1996.
V. Rossi, Le sette meraviglie del mondo. I monumenti, i siti, gli artefici e la loro fine. Pisa 1985.
J. Isager, Plinio il Vecchio e le meraviglie di Roma. Analecta Romana Instituti Danici 15, 1986, 37–50.
P. A. Clayton und M. J. Price (Hgg.), The Seven Wonders of the Ancient World. London 1988; dt. u. d. T. Die Sieben Weltwunder. Stuttgart 1990.
J.-P. Adam und N. Blanc, Les sept merveilles du monde. Paris 1989.
M.-A. und Y. Calvet, Babylone, merveille du monde. In: R. Etienne u. a. (Hgg.), Architecture et poésie dans le monde grec: Hommage à Georges Roux. Lyon und Paris 1989, 91–106.
K. Brodersen, Ein Weltwunder der Antike in Iran. Archäologische Mitteilungen aus Iran N.F. 24, 1991, 51–53.
–, Ein Weltwunder auf Gläsernen Füßen: Der Pharos von Alexandria. Antike Welt 24, 1993, 207–11.
E. Bauer, Die Sieben Weltwunder. Augsburg 1994.
U. Sezgin, Pharaonische Wunderwerke. Zeitschrift für Geschichte der arabisch-islamischen Wissenschaften 9, 1994 und 11, 1997 (zum Nachleben der Wunder im Orient, das eine eigene Behandlung lohnte).
J. und E. Romer, The Seven Wonders of the World: A History of the Modern Imagination. London 1995.

Neuere Kinder- und Jugendbücher und Spiel

A. Vahlen, Weltwunder der Antike. Leipzig 1983.

G. von Radowitz, Die Sieben Weltwunder: Menschen, Bauten, Sensationen. Würzburg 1985.

G. Caselli, Die Sieben Weltwunder. (Schau und lies deine Welt) Nürnberg 1988.

H. Reichardt, Die Sieben Weltwunder. (Was ist Was 81) Nürnberg 1987.

U. Wulfekamp und V. Mirschel, Weltwunder. (Junior Wissen) Stuttgart 1993.

M. Hellmiß und F. Scheithauer, Die Sieben Weltwunder. (Frag mich was) Bindlach 1994.

M. und J. Rüttinger, Die Sieben Weltwunder: Das Spiel der Sieben Spiele. Fürth/Bay. 1989.

Die Sieben Weltwunder im Bild

G. Brett, The Seven Wonders of the World in the Renaissance. Art Quarterly 12, 1949, 339–59.

Maarten van Heemskerck: 8 Kupferstiche nach Maarten van Heemskerck von Philips Galle 1572 (Abbildung 3–10 geben die erste, unnumerierte von drei Auflagen wieder):

Th. Kerrich, A Catalogue of the Prints which have been engraved after Martin Heemskerck. Cambridge 1829, 104 ff.

F. W. H. Hollstein, Dutch and Flemish Etchings, Engravings and Woodcuts VII. Amsterdam o. J., Nr. 414–21.

I. M. Veldman, Maarten van Heemskerck and Dutch Humanism in the Sixteenth Century. Amsterdam 1977.

A. Dolders, Philips Galle. (The Illustrated Bartsch 56) New York 1987, Nr. 5601.101:1–8.

I. M. Veldman, Maarten van Heemskerck II. (The New Hollstein) Rosendaal 1994, 192–97, Nr. 513–20.

Willem Janszoon Blaeuw: Nova Totius Terrarum Orbis Geographica Ac Hydrographica Tabula auct. Gul.Janssonio; Ja. van den Ende sculpsit. Amsterdam 1606.

R. W. Shirley, The Mapping of the World. London 1983, 270 f. Nr. 255 und Pl. 201.

Antonio Tempesta: Septem orbis admiranda ... in aereas tabulas ... relata, a Iusto Rychio Gandense versibus celebrata. Rom 1608.

S. Buffa, Antonio Tempesta. (The Illustrated Bartsch 37) New York 1984, 289 ff. Nrr. 1453[1]–1459.

Crispijn de Passe d. Ä.: 7 Kupferstiche nach Maarten de Vos 1614.

J. Verbeek und I. M. Veldman, Hollstein's Dutch and Flemish Etchings, Engravings and Woodcuts XVI. Amsterdam 1974, 72–78 ab.

Johann Bernhard Fischer von Erlach: Entwürff einer historischen Architectur. Wien 1721.

G. Kunoth, Die Historische Architektur Fischers von Erlach. (Bonner Beiträge zur Kunstwissenschaft 5) Düsseldorf 1956, 27 ff.
H. Lorenz, Johann Bernhard Fischer von Erlach. Zürich, München und London 1992, 42 ff.

Abbildungsnachweis

Für die freundlich gewährte Erlaubnis zur Wiedergabe der Abbildungen danke ich der Bibliotheca Apostolica Vaticana in Rom-Vatikanstadt (Abb. 2) und der Staatlichen Graphischen Sammlung in München (Abb. 3–10).
Rat und Hilfe fand ich bei Dr. Michael Schroeder (Frankfurt/Main), Elsbeth Seibert (Pirmasens), Prof. Dr. Jakob Seibert (Maisach), Stefan Spenner (Marburg) und vor allem bei Dr. Stefan von der Lahr (München).

Register